乡村产业振兴案例精选系列

全国种养典型案例 彩图版

农业农村部乡村产业发展司 组编

中国农业出版社
农村设物出版社
北 京

丛书编委会

本书编委会

主　编　王　维

副主编　谷琼琼　薛永基　周　怡

参　编（按姓氏笔画排序）

毛祥飞　付海英　任　曼　刘　康　如　性

何思敏　谷莉莎　陈　静　武天锋　赵晨笛

段文学　高志伟

序

民族要复兴，乡村必振兴。产业振兴是乡村振兴的重中之重。当前，全面推进乡村振兴和农业农村现代化，其根本是汇聚更多资源要素，拓展农业多种功能，提升乡村多元价值，壮大县域乡村富民产业。国务院印发《关于促进乡村产业振兴的指导意见》，农业农村部印发《全国乡村产业发展规划（2020—2025年)》，需要进一步统一思想认识、推进措施落实。只有聚集更多力量、更多资源、更多主体支持乡村产业振兴，只有乡村产业主体队伍、参与队伍、支持队伍等壮大了，行动起来了，乡村产业振兴才有基础、才有希望。

乡村产业根植于县域，以农业农村资源为依托，以农民为主体，以农村一二三产业融合发展为路径，地域特色鲜明、创新创业活跃、业态类型丰富、利益联结紧密，是提升农业、繁荣农村、富裕农民的产业。当前，一批彰显地域特色、体现乡村气息、承载乡村价值、适应现代需要的乡村产业，正在广阔天地中不断成长、蓄势待发。

近年来，全国农村一二三产业融合水平稳步提升，农产品加工业持续发展，乡村特色产业加快发展，乡村休闲旅游业蓬勃发展，农村创业创新持续推进。促进乡村产业振兴，基层干部和广大经营者迫切需要相关知识启发思维、开阔视野、提升水平，“新时代乡村产业振兴干部读物系列”“乡村产业振兴案例精选系列”便应运而生。丛书由农业农村部乡村产业发展司组织全国相关专家学者编写，以乡村产业振兴各级相关部门领导干部为主要读者对象，从乡村产业振兴总论、现代种养业、农产品加工流通业、乡土特色产业、乡村休闲旅游业、乡村服务业等方面介绍了基本知识和理论、以往好的经验做法，同时收集了种养典型案例、脱贫典型案例、乡村产业融合典型案例、农业品牌典型案例、乡村产业园区典型案例、休闲旅游典型案例、农村电商典型案例、乡村产业抱团发展典型案例等，为今后工作提供了新思路、新方法、新案例，是一套集理论性、知识性和指导性于一体的经典之作。

丛书针对目前乡村产业振兴面临的时代需求、发展需求和社会需求，层层递进、逐步升华、全面覆盖，为读者提供了贴近社会发展、实用直观的知识体系。丛书紧扣中央“三农”工作部署，组织编写专家和编辑人员深入生产一线调研考察，力求切实解决实际问题，为读者答疑解惑，并从传统农业向规模化、特色化、品牌化方向转变展开编写，更全面、精准地满足当今乡村产业发展的新需求。

发展壮大乡村富民产业，是一项功在当代、利在千秋、使命光荣的历史任务。我们要认真学习贯彻习近平总书记关于“三农”工作重要论述，贯彻落实党中央、国务院的决策部署，锐意进取，攻坚克难，培育壮大乡村产业，为全面推进乡村振兴和加快农业农村现代化奠定坚实基础。

前言

党的十九大提出实施乡村振兴战略，是以习近平同志为核心的党中央着眼党和国家事业全局，深刻把握现代化建设规律和城乡关系变化特征，顺应亿万农民对美好生活的向往，对“三农”工作作出的重大决策部署，是决胜全面建成小康社会、全面建设社会主义现代化国家的重大历史任务，是新时代做好“三农”工作的总抓手。乡村振兴就是要实现乡村产业振兴、人才振兴、文化振兴、生态振兴、组织振兴，推动农业全面升级、农村全面进步、农民全面发展。

习近平总书记在中国共产党第十九次全国代表大会上的报告中指出：“实施重要生态系统保护和修复重大工程，优化生态安全屏障体系，构建生态廊道和生物多样性保护网络，提升生态系统质量和稳定性。完成生态保护红线、永久基本农田、城镇开发边界三条控制线划定工作。开展国土绿化行动，推进荒漠化、石漠化、水土流失综合治理，强化湿地保护和恢复，加强地质灾害防治。完善天然林保护制度，扩大退耕还林还草。严格保护耕地，扩大轮作休耕试点，健全耕地草原森林河流湖泊休养生息制度，建立市场化、多元化生态补偿机制。”种养结合模式就是一种生态农业模式。

种养结合实现了农业规模化生产和粪尿资源化利用，改善了农牧业生产环境，提高了农牧产品产量和质量，确保农牧业收入稳定增加。并通过种植业和养殖业的直接良性循环，改变了传统农业生产方式，拓展了生态循环农业发展空间。加快培育发展农牧结合型家庭生态农场这一新型农业经营主体，是贯彻落实中央1号文件精神和促进现代畜牧业发展的重要思路举措。

全国种养典型案例是各个省市地区、企业在种养结合模式发展工作中积累的宝贵经验，是产业助力乡村振兴伟大成果的展现。这些成绩的取得，凝聚了全党全国各族人民的智慧和心血。农业农村部乡村产业发展司从全国范围内征集了100多个种养案例，由中农智慧（北京）农业研究院组织专家团队进行评审，以利益联结紧密度、农村居民人均可支配收入以及带动农民增收的质量为评判标准，最终评选出全国各省市的23个种养典型案例汇编成此书，进行公布，并优先进行宣传推广。特别说明，本书所引案例及涉及品牌只为内容说明要求，未对其经营及产品质量进行考察，对此不持任何观点，仅供参考。

通过加强种养结合，推动农业生产过程中的减量化、再利用、资源化，提高农业资源循环利用效率，遏制和减少农业面源污染，促进农业可持续发展。种养加一体化发展是破解我国农业现代化转型期出现的生态环境恶化、农产品质量安全事件频发等重大现实问题的重要着力点。种养加一体化的实践整合了农村资源，催生了农业新业态，拓宽了农民增收渠道。习近平总书记强调，产业兴旺是解决农村一切问题的前提，要推动乡村产业振兴，构建乡村产业体系，实现产业兴旺。

编　者

2022年12月

目录

第一章　种植案例

北京：北京茂源广发农业发展有限公司

导语： 北京茂源广发农业发展有限公司位于北京市延庆区延庆镇广积屯村。该公司自2009年成立以来，依托茂源广发种植专业合作社为平台，以种养并举、生态循环、环境友好的蔬菜生产为主导，以品牌化经营、社会化专业服务为主线，以引领带动、合作共赢为目标不断发展壮大。

发展10年来，公司建立了完善的组织机构、技术支撑体系和销售服务网络。公司现有员工160余人，下辖有合作社1个、直销联营店46家、"延庆农品优选"网络销售平台1个；建有19.2亩*现代集约化育苗场1个，400亩无公害农产品产地认定、绿色食品认证和无公害农产品认证的高标准设施蔬菜生产基地1个，300平方米配送中心1个，190亩北京市唯一的全程机械化露地蔬菜生产基地1个。公司年育苗量350万株以上，年产蔬菜11大类、70余个品种，2 200吨以上；年配送蔬菜3 000吨以上，电商销售3.5万单以上，销售额890万元以上；带动延庆区6 000多亩蔬菜产销、农民就业100余人，年销售总值1 650万元以上。

2010年园区被评为农业部（现农业农村部，下同）设施蔬菜标准园，2011年被评为北京市蔬菜标准园；配送中心连续4年被评为放心农资供应单位；2016—2018年集约化育苗场连续3年荣获北京市先进蔬菜集约化育苗场称号。2017年公司中标成为2019年北京世

* 亩为非法定计量单位。1亩=1/15公顷。

界园艺博览会“百蔬园”配套保障服务基地；截至目前，公司获得各项奖励20余项。经过多年的发展，公司逐渐成为一家集蔬菜集约化育苗、无公害化生产、生资及蔬菜产品销售于一体的蔬菜生产经营和社会化服务知名企业。

一、主体简介

北京茂源广发农业发展有限公司成立于2009年10月，主要以无公害蔬菜生产、配送及生资销售为主。公司在惠农政策支持和农业相关部门的扶持下，在中国农业科学院蔬菜花卉研究所、北京市农业技术推广站等单位强有力的技术支撑下，流转土地660余亩，建成了包括110栋塑料大棚、15栋日光温室、16栋集约化育温室及百亩北京市唯一露地蔬菜全程机械化生产的，获得无公害农产品产地认定、绿色食品认证和无公害农产品认证的高标准蔬菜园区。

10年来，依托茂源广发种植专业合作社为平台，以种养并举、生态循环、环境友好的蔬菜生产为主导，以品牌化经营、社会化专业服务为主线，以引领带动、合作共赢为目标不断发展壮大。

1. 拥有良好的组织架构 公司拥有一支优秀的团队，形成了分工明确、部门协同的组织架构。公司共设有7个部门，分别为办公室、计划财务部、技术部、生产部、农产品市场营销部、生产资料经营与技术服务部、育苗场管理部；现有固定员工78人，其中，管理人员5人、技术人员15人、销售团队25人；具有本科以上学历3人、中专以上学历12人。

2. 具备强有力的技术支撑体系 公司通过承接中国农业科学院蔬菜花卉研究所、北京市农业技术推广站等市、区级科研单位、技术推广单位的试验研究及示范推广工作，畅通了与上述单位的技术沟通、交流渠道，为公司技术队伍的培养奠定了良好的基础，同时也为公司的品种引进、技术水平提升提供了有力的技术保障。经过10年的磨合，基本形成了强有力的技术支撑体系。

3. 形成了集生产、销售、服务于一体的主导产业 公司建有茂源广发种植专业合作社1个，生资销售服务店1个，19.2亩现代集约化育苗场1个，400亩无公害农产品产地认定、绿色食品认证和无公害农产品认证的高标准设施蔬菜生产基地1个，300平方米配送中心1个，190亩北京市唯一的全程机械化露地蔬菜生产基地1个，直销联营店49家，“延庆农品优选”网络销售平台1个，形成了集生产、销售、服务于一体的主导产业。公司年育苗量350万株以上，年产蔬菜11大类、70余个品种，

2 200 吨以上；配送服务面覆盖延庆 44 家商超、10 个食堂、世园酒店和世园美食城，以及东城、朝阳、海淀等区，年配送蔬菜 3 000 吨以上；电商销售 3.5 万单以上，销售额 890 万元以上；带动延庆区 6 000 多亩蔬菜产销、农民就业 100 余人，年销售总值 1 650 万元以上。

4. **建立了专业化社会服务体系**　公司现有中小型拖拉机 11 台、大型拖拉机 1 台、打梗机 4 台、插秧定植机 1 台、农用车 2 辆、冷藏车 1 辆、机动喷雾器 38 台、电动喷雾器 20 台、大型悬挂式喷雾机 7 台、新型烟雾机 6 台等农机装备。同时，公司通过专业技能培训、持证上岗，培养了一批专业化服务操作人员，并于 2010 年成立了植保专业化防治队及农机服务队，形成了区域性的专业化社会服务体系。上述队伍每年为周边农民提供耕地服务 2 000 多亩次、打梗作畦 3 000 多亩次、病虫害防治 6 000 亩次，大大地提高劳动效率，大量节约劳动力、降低了成本，减少了合作社的运营成本。

5. **完成了引领带动、合作共赢的布局**　一是引领带动了广积屯村产业发展布局。全村在合作社的带动下，在镇政府和村委会正确引导与推动下流转土地 50%以上，农民自己加入 30%以上，逐步实现了区域规模性生产，增加了劳动就业岗位、促进了劳动力解放、转移，实现了农民多元化增收。通过公司引领带动，全村现有土地现代化设施利用率达到 90%以上，农民在单位面积上增收 100%以上。二是与津冀一体化合作共赢。借助完善的销售体系，与河北省沽源县、张北县、顺平县、乐亭县等地区建立了长期合作共赢关系，践行了京津冀一体化发展理念。

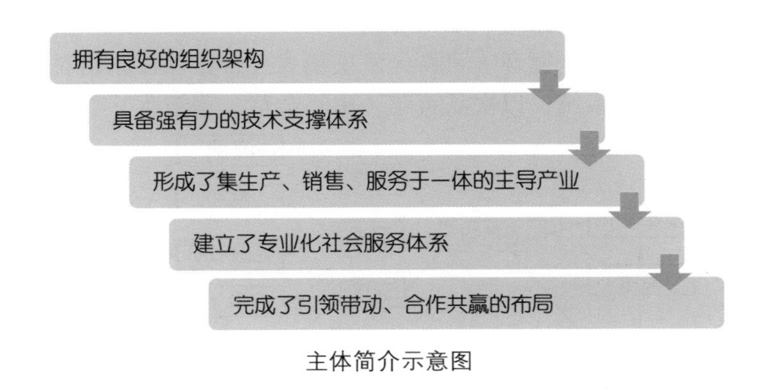

主体简介示意图

二、主要模式

（一）模式概括

1. **模式 1：“企业＋合作社＋农户”生产模式**　公司基地所在延庆区

延庆镇广积屯村，是传统的蔬菜产区。但是，由于历史的原因，农户放弃了蔬菜生产。为此，公司组织农户成立了北京茂源广发种植专业合作社，在合作社的带动下，流转全村土地50%以上，加之农民自己入社30%以上的土地。目前，全村现有土地80%以上建设了现代化蔬菜设施开展蔬菜生产，土地规模化经营效益明显提升，单位面积增收1倍以上；同时，促进了劳动力解放和向二三产业转移，有效解决了劳动力就业问题，提高了收入水平。一是当地就业。合作社吸纳了本地40岁、50岁、60岁年龄段的30余人就业，促使农民向农业产业工人的转变。二是增加收入。实施土地规模经营与合作社运作后，农民由过去单一的农业种植收入变为现在的入股分红+工资，在收入有了稳定保证的同时，收入水平明显提升。三是壮大了集体经济。四是改善了民俗民风，提升了生活品质。

2. 模式2：产前、产中、产后服务模式　公司在产前发挥生产资料经营与技术服务部职能，产前生产资料统一供应，确保质量安全，杜绝农业危险品流入生产，防止面源污染和不良农资对生产造成的污染和减产；在产中加强自身园区技术服务的同时，按照统一生产技术标准，服务周边蔬菜生产合作社及农户，保障蔬菜增产和质量安全；在产后发挥农产品市场营销部职能，与超市发、天安等大型蔬菜公司建立了蔬菜供应业务，同时通过设立49家直销店扩大市场覆盖面，推进品牌化销售。另外，通过建设延庆农品优选网络销售平台，建成了电商、宅配销售体系，终端客户稳定在1 000家以上。目前，销售与服务范围涵盖了延庆区6个乡镇，销售产品包括蔬菜、水果、蛋奶、杂粮等。

3. 模式3：生态、循环、可持续发展模式　合作社在原始农业生产模式中加入沼气发酵系统，以次品蔬菜、田间杂草、菜帮菜叶喂猪，猪粪投

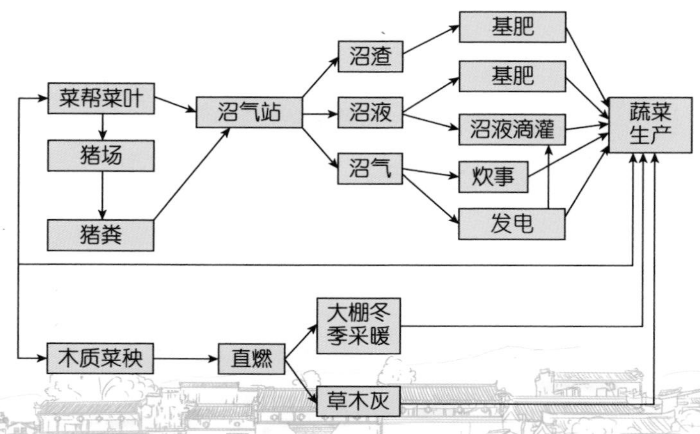

高效生态农业模式示意图

入沼气池发酵，产生的沼气用作发电和做饭，沼液作追肥，沼渣作底肥，使之深化丰富为全新的、多层次的生态、循环、可持续发展模式。通过深度挖掘资源潜力，充分发挥循环中各级作用，促进园区内能流、物流有机循环，形成了养殖、种植、沼气发电及沼液、沼渣综合利用于一体的零污染、零排放、节水节电、环境友好的高效生态农业模式。既实现了废弃资源的综合利用，又满足了循环经济的要求，也起到节能降耗、有效保护环境的效果。

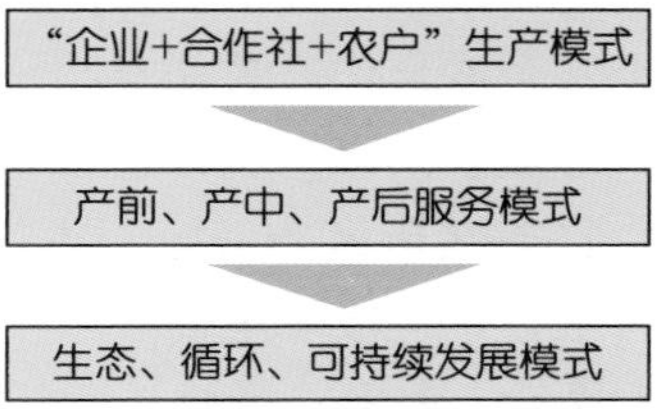

"企业+合作社+农户"生产模式

产前、产中、产后服务模式

生态、循环、可持续发展模式

模式概况示意图

（二）发展策略

1. 加强技术支撑　公司基本形成了外部科技支撑体系，科研机构或单位等在园区设有试验点或示范区，在为公司培养技术队伍的同时，也为公司的品种引进技术研发提供了强大的技术保障（表 1-1）。

表 1-1　外部科技支撑体系

序号	技术支撑单位	序号	专业技术支撑团队
1	中国农业科学院蔬菜花卉研究所	1	北京市果类蔬菜创新团队
2	北京市农林科学院蔬菜研究中心	2	北京市叶类蔬菜创新团队
3	北京市农业技术推广站、延庆区农业技术推广站	3	北京市西甜瓜创新团队
4	北京市农机试验鉴定推广站、延庆区农机技术服务站	4	北京市菌类创新团队
5	北京市植保站、延庆区植保站	5	北京市草莓创新团队
6	北京市种子站、延庆区种子站		
7	北京市土壤肥料工作站		
8	北京市环境监测站		

2. 建立销售服务　10 年来，公司逐步建立了市场营销与市场服务网络，加大宣传力度，在产前生产资料统一供应、产中服务与技术指导、产

后销售服务3个环节初步形成了网络化机制。

（1）产前供应，产中服务。在产前方面：发挥生产资料经营与技术服务部职能，产前生产资料统一供应，确保质量安全，杜绝农业危险品流入生产，防止面源污染和不良农资对生产造成的污染和减产。在产中方面：在加强自身园区技术服务的同时，按照统一生产技术标准，服务周边蔬菜生产合作社及农户，保障蔬菜增产和质量安全。目前，销售与服务范围涵盖延庆区6个乡镇。

（2）产后品牌化、网络化销售。在产后方面：发挥农产品市场营销部职能，一是与大型蔬菜经营企业合作，公司与超市发、天安等大型蔬菜公司建立了蔬菜供应业务，形成了主渠道销售；二是设立直销店扩大市场覆盖面，推进品牌化销售，目前在市区有3家、本区有46家；三是通过建设延庆农品优选网络销售平台，建成了电商、宅配销售体系，终端客户稳定在1 000家以上，涵盖蔬菜、水果、蛋奶、杂粮等品种，让消费者享用到更多、更好、更安全的农产品。

（3）优化配送职能，联合产销发展。因为基地面积有限、蔬菜销售季节性等不利销售因素，公司进一步发挥配送中心职能作用，所以又成立了北京"田妫农"农产品专业合作社联合社。汇集延庆优质资源，联手绿富隆、北菜园打造延庆优质农产品品牌，让延庆农副产品走出去，把外面的资源引进来，让首都市民随时吃上放心的农副产品。

实施土地规模经营和公司运作后，公司吸纳了40～60岁年龄段的160余人就地务工，推动了农民向农业产业工人的转型，农民收入由过去单一农业的种植收入变为现在的多元收入。

（4）紧跟时代步伐、健全线上销售。适应销售模式的变化和需求，配送中心还创办了线上销售模式。公司投入资金680万元，与奥科美公司、有赞公司合作建立茂源广发农产品销售平台——"延庆农品优选"，开通茂源广发"订阅号"微信关注和小程序"北京优质农产品平台"；通过微信宣传、社区宣传、展会宣传、集市宣传等宣传渠道，建成延庆农产品客户群4个、直营联营店46家，其中，延庆44家、朝阳1家、东城1家、食堂10家。

截至2019年5月底，电子线上销售宣传产品关注浏览量2 000多万次，商品点击次数8 000多万次，加入客户群人数2 640人，下单人数3.5万人/次，成交额400多万元，邮局快递费17万元。超市配送1 650多次，销售量3 000多吨。销售成绩在延庆农产品销售领域名列前茅。

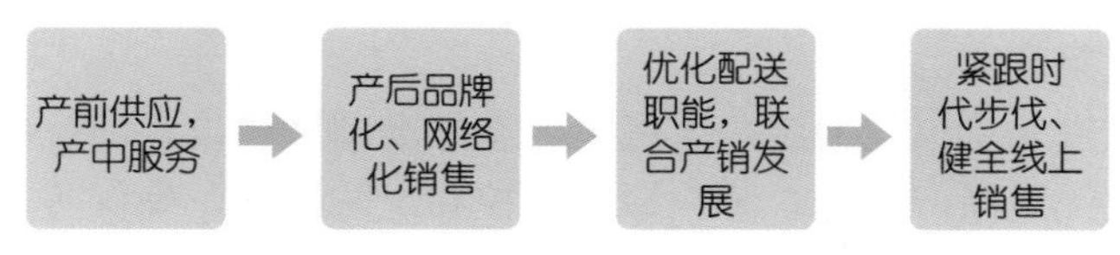

建立销售服务示意图

（三）主要做法

1. **夯实基础蔬菜产业**　引进、示范优良蔬菜品种70余个，涉及优质甜椒、番茄、黄瓜、茄子、西甜瓜、甘蓝、芳香蔬菜、药用蔬菜等蔬菜作物11类；采用无公害生产、无土栽培、全程机械化生产、绿色防控等技术，年产蔬菜2 200吨以上，年销售收入达490万元以上。在蔬菜产品安全检测中，园区自检、市区级抽检质量全部合格。为提高蔬菜产品的商品性，扩大市场占有率、提升市场竞争力，注册了"茂源广发"品牌，设计蔬菜产品包装，建设直销店46家，建设网络平台形成连锁销售网络，初步实现了品牌化、网络化经营，形成优质品种、安全生产、品牌销售体系。2010年被评为农业部设施蔬菜标准园，2011年被评为北京市蔬菜标准园。

2. **壮大集约化育苗产业**　采用穴盘集约化育苗技术，建设蔬菜集约化育苗场，现有育苗温室16栋，年育彩色甜椒、樱桃番茄、水果黄瓜等20余个品种的优质壮苗350万株以上。2016—2018年连续3年荣获北京市先进蔬菜集约化育苗场称号。以蔬菜为主，引进花卉等观赏植物及珍稀园艺植物品种及种子、种苗500种以上，其中，引进辣椒（观赏与加工兼用型）、水果型番茄、芳香蔬菜等新、奇、特的优良新品种资源12大类、350个品种，引进铃兰、凤梨等国外花卉观赏植物品种资源16大类、100个品种，引进王莲、石斛等珍稀园艺植物10大类、50个品种；同时，加强与品种、技术所有权单位合作，在引进品种的同时引进技术；继续加强与北京市农业技术推广站等科研院所合作，成立蔬菜园艺品种研发中心，开展品种、技术研发，加快技术消化、吸收、研发、转化，做强蔬菜园艺植物集约化育苗产业，为延庆区以及北京市的蔬菜及园艺产业发展提供优良品种的优质秧苗。

3. **做强优质高效蔬菜产业**　依据绿色、安全、优质、高效发展理念，按照习近平总书记"优质农产品是生产出来的"的要求，统一技术和服务标准，建设高标准蔬菜生态标准园区，扩大生产规模，为消费者生产出更多的优质放心蔬菜；开展蔬菜深加工，在延伸产业链条、提高附加值的同时，缓解蔬菜淡旺季产销矛盾；在此基础上，拓展销售理念和渠道，做强优质高效蔬菜产业。

持续推进北京市“七统一”蔬菜生态标准园区建设，即统一优质种苗供应，奠定优质高产基础；统一绿色防控和统防统治，确保蔬菜产品质量安全；统一机械化作业，提高劳动生产效率；统一水肥科学管理，实现水肥双节提高利用效率；统一分级净菜上市，提高蔬菜商品率；统一优质品牌创建，提升市场竞争力和占有率；统一废弃物回收循环利用，提高生态水平。促进公司蔬菜生产的组织化、专业化、标准化水平提升，从而促进蔬菜产品品质、质量、生产效率的提升，为自产蔬菜优质优价奠定坚实的基础。

4. **发展农业观光产业** 生产是农业园区的主要功能，但不是唯一功能。在乡村振兴战略指引下，以蔬菜为媒介，以创意性、科技性、观赏性、参与性为内容，加强园区科普性建设；挖掘乡村民风民俗特点，改善村容村貌，拉动广积屯乡村旅游，整合资源，做强农业观光产业。

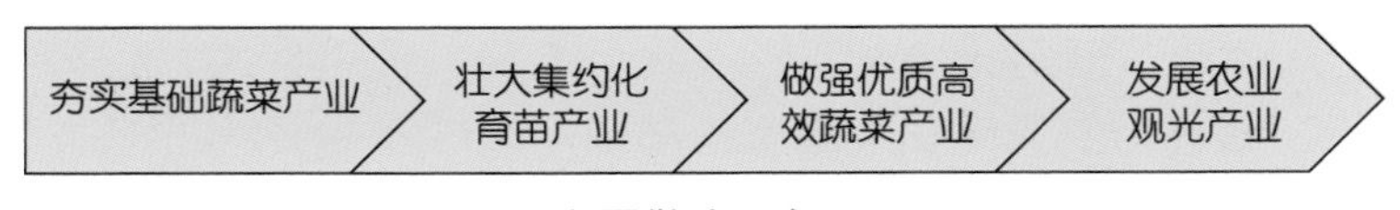

主要做法示意图

三、利益联结机制

农村低收入户的从业人员有的身体差、有的智力差、有的文化水平低、有的年龄大，靠他们自己摆脱低收入状态确实存在困难。园区的发展壮大，在带动周围蔬菜生产、提高合作社群众收入的基础上，借助产业自身优势，积极带动低收入群体实现增收。一是安置就业。对有一定劳动能力的低收入户人员，优先吸收安置就业，并安排在蔬菜加工、分选等轻体力的岗位。目前，共安置 3 人，每人每月工资2 400元，年收入 30 000 余元。二是发展生产。低收入户的人员掌握蔬菜生产技术的能力也相对较弱，蔬菜产品销售困难更大。近年来，合作社通过提供优质种苗、病虫害防治技术服务、产品直接回收等措施，鼓励有能力的低收入户从事蔬菜生产，带动 11 家低收入户种植大棚蔬菜，获得了良好效果。其中，仅 2017 年带动 5 家低收入户，种植大棚新品种甜椒 8 亩，平均亩产 7 000 千克，亩收入达到 15 400 元，收入高的种植户达到 30 000 多元，最低也达到了 25 000 元以上，基本摆脱了低收入状态。不仅提高了生活水平，也改变了家庭面貌，更增强了发展生产、追求美好生活的信心。

实施土地规模经营和合作社运作后，农民收入由过去单一的农业种植收入变为现在的多元收入，即保底收入、务工收入、入股分红。促进了集体经济进一步壮大，增强了合作社的凝聚力。通过实施土地整理和规模经营，带领全体村民发家致富，组织有能力的村民办一些实实在在的事情，带领农民致富奔小康，使村民在生活上、环境上、思想上、认识上、收入上有了很大的改观。

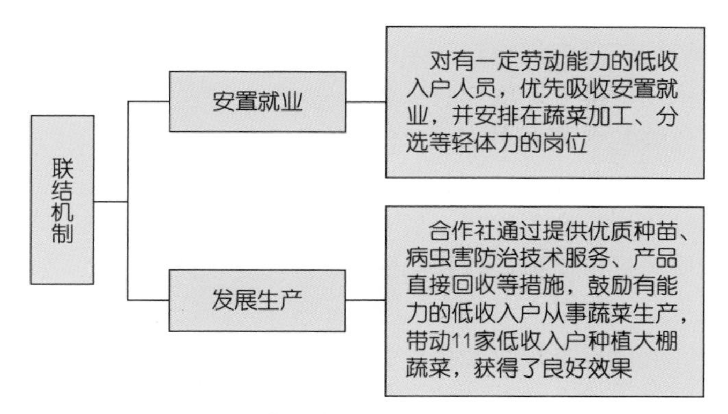

利益联结机制示意图

四、主要成效

1. **经济效益**　公司年育苗量350万株以上，年产蔬菜11大类、70余个品种，2 200吨以上；年配送蔬菜3 000吨以上，电商销售3.5万单以上，年销售总值1 650万元以上。

2. **生态效益**　通过高效生态模式，公司每年可消纳蔬菜残秧300～400吨、玉米秸秆100～200吨，减少冬季育苗和蔬菜种植增温用煤200～250吨，减少化肥使用50吨左右，增加蔬菜产量70吨左右，每年可产生经济效益40万元左右。

通过蔬菜规模化、工厂化生产，亩节水50%以上，辣椒亩增产1 800千克，增收2 800元，8年累计实现增产43.2万千克，增收67.2万元，节水14.26万立方米。

3. **社会效益**　一是引领带动了广积屯村产业发展布局，促进了广积屯村50%以上的土地流转，实现了区域规模性生产，全村现有土地现代化设施利用率达到90%以上，农民在单位面积上增收100%以上；增加了劳动就业岗位100余个，促进了劳动力解放、转移，实现了农民多元化增收。二是借助完善的销售体系，带动延庆区6 000多亩蔬菜产销，同时与河北省沽源县、张北县、顺平县、乐亭县等地区建立了长期合作共赢关系，对促进京津冀一体化协同发展作出了重要贡献。

五、启示

“企业＋合作社＋农户”模式规范化程度高、组织稳定性好、带动力强，起到了很好的引领和示范带动作用。完善的规章制度、规范的内部管理、与农民建立起良好的桥梁和纽带作用，实现农民增收。

园区示范推广优良品种、栽培设施、标准化生产、节水灌溉、产后加工等技术，把能够适应当地经济发展、生态环境、成熟可靠的新技术向当地农村和农民辐射推广，增加农民收入。

园区要加强与科研机构的合作，除了农业生产过程，也应该覆盖产前、产中和产后，获取优质种子、种苗。在产中提供规模化、集约化的种养技术和标准化的生产规程，产后包括产品储运、精深加工、产品质量检测和市场销售等提供支撑，以提高农产品质量和附加值，创造更大的利润使农民受益。

企业发展的成果不仅仅是企业自身利益，必将为社会创造更广泛的社会效益，特别是农业企业社会效益体现得更加突出；农业企业目前处于低效发展阶段，企业的发展壮大，离不开政府的指导帮助和扶持，开展农业生产工作，需延庆区委、区政府帮助协调解决基础建设用地问题以及加大惠农政策的支持。

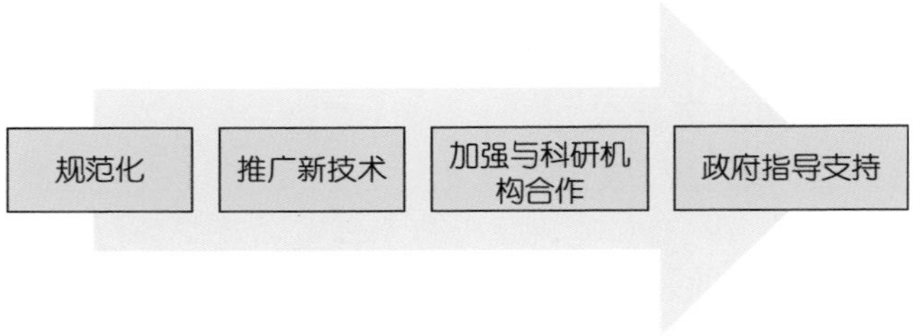

启示示意图

江苏苏州：洞庭山碧螺春茶产业

导语：江苏省苏州市吴中区东山镇依山傍水、物产丰富、历史悠久、环境优美，既是农业重镇，也是旅游大镇。近年来，洞庭山碧螺春茶产业的发展深入践行“绿水青山就是金山银山”发展理念，立足区域优势、生态优势、资源优势，积极挖掘和探索洞庭山碧螺春茶产业可循环发展、科学发展、创新发展内容，充分发挥人才、科技力量，不断推动产业向农文旅深度融合、纵向发展。

一、主体简介

江苏省苏州市吴中区东山镇位于东经120度20分至27分、北纬31度00分至07分之间，距苏州城区37公里，距上海110公里，是太湖东麓的一座湖中半岛，三面临湖，一面连陆，全镇总面积96.55平方公里。优越的自然环境、1 000多年的栽培历史，孕育出了一批极具地方特色的名优农产品。东山镇是苏州有名的“花果山、鱼米乡”，“月月有花、季季有果”是对东山最生动的写照。中国十大名茶之一“洞庭山碧螺春”就发源于此。碧螺春茶发展历史悠久。1699年（康熙三十八年），康熙驾幸太湖，钦点御赐碧螺春；1915年，美国旧金山巴拿马太平洋万国博览会上获得金奖；1959年，被商业部评为全国十大名茶；2002年，获原产地地理标志证明商标，成为中国首个茶叶商品地理标志证明商标；2009年，经国家工商行政管理总局认定为中国驰名商标，这是中国十大名茶中绿茶类第一个地理标志驰名商标；2010年，碧螺春制作技艺人入选第三批国家级非物质文化遗产名录。2019年，东山镇果树、茶叶种植面积4万多亩，其中茶叶种植面积1.3万亩，茶农8 000余户，茶叶总产量达110吨。其中，碧螺春茶产量为50吨，红茶产量32吨，炒青产量28吨，茶叶总产值约1.3亿元，户均收入1.6万元。洞庭山碧螺春茶及其产业发展至今，在国内外享有很高的知名度。

二、主要模式

（一）模式概括

东山镇碧螺春茶产业发展主要以“企业＋基地＋农户”“合作社＋农

户”的模式运行。

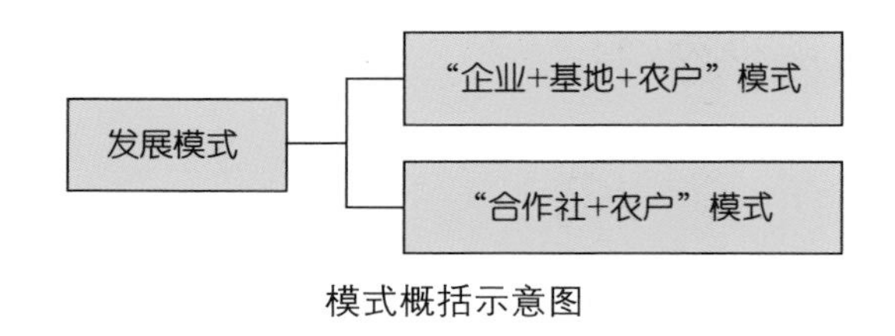

模式概括示意图

1. **“企业＋基地＋农户”模式** 农户主要负责生产农副产品，龙头企业负责加工或销售农副产品，企业为农户提供产前、产中的相应服务，如农用物资采购、技术服务等。企业有效地起到了农产品的种植管理指导、监管作用，农户按照企业的指导进行基地的管理，生产的茶叶有企业进行订单收购，保障了农户的权益。

2. **“合作社＋农户”模式** 通过将农业生产过程的产前、产中、产后诸环节联结为一个完整的产业系统，实行种养加、产供销、农工商一体化经营，重点围绕一种或多种产品的生产、加工、销售与生产基地和农户实行有机的联合，具有较强的市场开拓能力或加工增值、技术开发能力，有利于实现小生产与大市场的对接，有利于生产要素的流动和组合，有利于农业的规模经营和技术进步，有利于提高农业生产的组织化和商品化程度，在发展中起着牵头的作用。

（二）发展策略

东山镇党委、政府全面贯彻落实以习近平同志为核心的党中央治国理政新理念新思想新战略，始终坚持把“三农”工作作为重中之重，农业转型步伐加快，农村环境显著改善，农民收入持续增长，农民群众获得感进一步增强，深入贯彻落实区委、区政府乡村振兴战略决策部署，加快推进东山镇现代农业建设，深入实施好农业生态改善提升、农业产业转型升级、农业科技创新发展、农业品牌培育壮大四大发展战略，促进农业提质增效、农村繁荣稳定、农民持续增收，努力打造大美东山、幸福东山。

1. **指导思想** 高举习近平新时代中国特色社会主义思想伟大旗帜，紧紧围绕“产业兴旺、生态宜居、乡风文明、治理有效、生活富裕”的总要求，按照“走进太湖时代”发展战略要求和“大美东山、幸福东山”目标定位，以丰富的地域农业资源为依托，以深化供给侧结构性改革为主线，以提升农业综合生产力，促进农业、生态和谐发展为方向，着力推进农业生产经营规模化、标准化、品牌化，着力强化政策、人才和机制保障，推动东山农业经济发展由传统农业向现代农业、生态农业、休闲观光农业升级转变，实现东山农业可持续发展。

2. **总体目标**　深入实施“特色农业产业园区创建、现代农业科技人才集聚、旅游农业农产品开发、集约农业经营规模提升、品牌农业影响力拓展、现代农业服务体系完善”六大工程。形成综合效益明显提高、产业结构更加合理、科技水平显著提升、农业适度规模经营、服务体系更趋完善的现代农业发展新格局。

3. **主要任务**　依托太湖东山独特的地理区位优势和优越生态环境条件，在着力保护太湖生态环境的基础上，深入挖掘洞庭山碧螺春茶、特色时令果品（枇杷、杨梅、红橘）等特色农业资源优势及东山乡土文化内涵，茶叶生产、地域文化、休闲旅游向农文旅纵深融合发展，加快实现东山农业、生态和谐发展。

三、主要做法

主要围绕推进供给侧结构性改革、不断促进农业提质增效和坚持绿色发展理念、持续改善农村生态环境等方面进行。

1. **坚持传统种植模式，发展现代农业**　一是坚持地方品种，在对原产地群体小叶种搜集、保存的基础上，对优良单株进行系统评选，优化品种结构。东山镇现有种质资源圃 2 个，已收集保存种质资源 152 个，选育碧螺春茶树新品种并通过审定 1 个，建立原种茶保护基地 100 亩，探索“企业＋基地＋农户”的原种茶保护市场化运作模式。二是坚持果茶间作种植模式，推广绿色种植技术，确保茶叶食品安全。三是坚持非遗技艺，采用传统的手工杀青、揉捻、搓团制作工艺，保持茶叶品质。

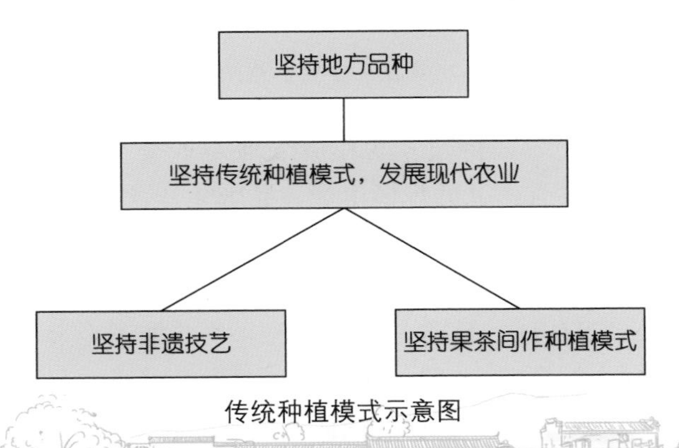

传统种植模式示意图

2. **农文旅融合发展，延伸茶叶产业**　充分利用东山镇优越的地理、生态资源优势，挖掘洞庭东山的旅游资源，立足果茶、蔬菜、湖羊、淡水产品等东山特色农业产业资源，以东山农业休闲观光旅游农产品开发为主导方向，结合“东山地域文化”，全方位地开发旅游农产品，推进农产品深加工，延伸农业产业链，提高农产品附加值，丰富农业旅游内容。2007年，碧螺村启动碧螺春茶生态园景区建设，景区规划面积5平方公里，总建筑面积7 000平方米，景区投入3亿多元，在景区内打造了碧螺春茶集中加工区、江南碧螺春茶博物馆以及餐饮、住宿等旅游配套设施，延伸了碧螺春茶产业，使生态型农业与旅游业紧密结合。

3. **加大培育龙头企业，提高组织程度** 集约农业经营规模的提升，以提高农业生产组织化、规模化、标准化为目标。一是规范土地流转，鼓励和支持承包土地向专业大户、家庭农场、农民合作社流转。发展多种形式的适度规模经营。二是发展“一村一品”，加快农业产业结构优化，通过打造特色农业产业基地，不断提升东山镇农业规模化程度。三是强化农业生产质量监管，完善服务体系，促进生产、加工、流通环节的标准化，鼓励合作社申报中国森林认证（CFCC）、有机、绿色、食品生产许可（SC）等认证。

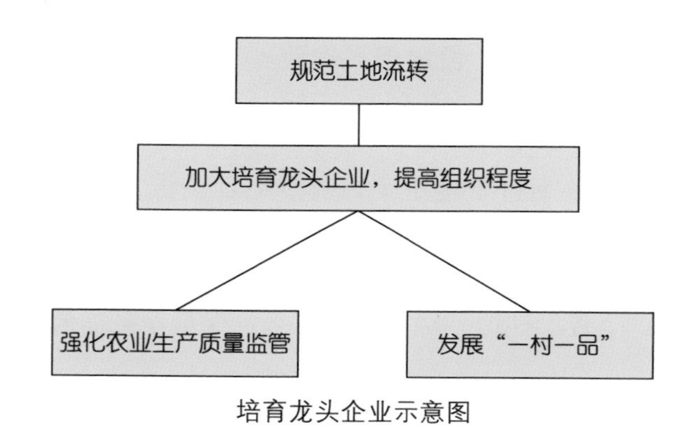

培育龙头企业示意图

近年来，政府大力扶持建立碧螺春农业专业合作社，实现了从无到有、从有到精。通过合作社的规模生产、品牌化经营，改变了家庭承包经营一家一户式的生产、销售模式。同时，强化农业生产质量监管，完善服务体系，促进生产、加工、流通环节的标准化，鼓励合作社申报CFCC、有机、绿色、SC等认证。目前，东山镇现有茶叶加工企业、合作社共45家，获得地理标志的企业38家，通过食品卫生许可证的企业22家，获得有机食品认证企业1家、绿色食品认证企业10家，获得省名牌企业2家、市名牌企业9家，获得信用产品企业4家，获得诚信企业称号3家，通过HACCP质量体系认证企业2家，通过CFCC认证4家。2008年成立了茶叶股份合作联社，有 17 个茶叶专业合作社组成，涉及茶农 4 176 户，茶叶面积 6 444 亩，各占总量的 50%以上。

宣传实施“七统一”管理体系：一是统一品种，从源头确保洞庭山碧螺春茶叶品质；二是统一技术，统一对茶农进行无公害产品生产技术的指导和培训；三是统一收购，由合作社牵头，统一对茶农的茶叶进行收购；四是统一挑拣，组织劳动力集中进行挑拣，坚持一芽一叶标准；五是统一炒制，采用传统的柴火烘烧，规范高温杀青、揉捻搓团等每一个炒制环节，确保茶叶质量；六是统一包装，由合作社统一对茶叶进行包装；七是统一销售，彰显品牌效应。同时，采用科学化、系统化的管理模式，茶品从“种植-采摘-挑选-炒制-烘干-包装-检验-销售”每个环节，均通过独有工艺控制和专业技术人员层层把关，致力于农产品的可追溯性质量控制和管理。

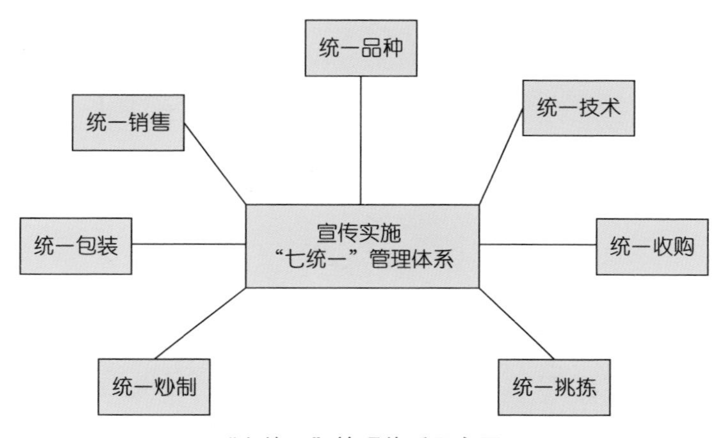

“七统一”管理体系示意图

4. **扩大碧螺春影响力，提升品牌知名度**　一是深入挖掘洞庭山碧螺春资源潜力，鼓励和动员产业协会、企业、合作社争创品牌，引导特色优势产业向品牌农业发展，进一步提升原产地碧螺春知名度，增强市场竞争力，提高产品附加值。二是加强品牌推介宣传。精心策划，办好碧螺春茶旅游文化节、茶产业高端论坛等各类宣传推介活动。三是强化服务，组织企业积极参与各类评比评优活动、农产品推介会以及展示展销会。

5. **集聚现代农业科技、人才力量，完善现代农业服务体系**　以推进农业整体科技水平为方向，增加投入，整合资源，创新机制。一是依托科研院所，搭建产学研合作平台。近年来，东山镇与苏州农业职业技术学院东山校区深化合作，为现代农业产业园区建设提供科技、人才支持。培训

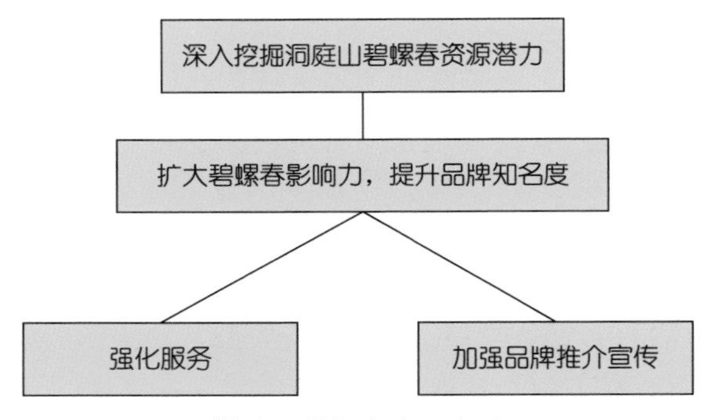

提升品牌知名度示意图

高素质农民占农业劳动力的比重达50%以上。二是茶产业新技术研究及推广。重点在种植关键技术、重大病虫害预测预报、农产品深加工、农业推广模式、农产品电商销售等领域加大科技创新力度。三是特色种质资源保护和利用。针对碧螺春茶叶传统地方特色种质资源，建立种质资源保护基地、原种茶保护区，加快优良品种提纯复壮，加大特色农产品产业化开

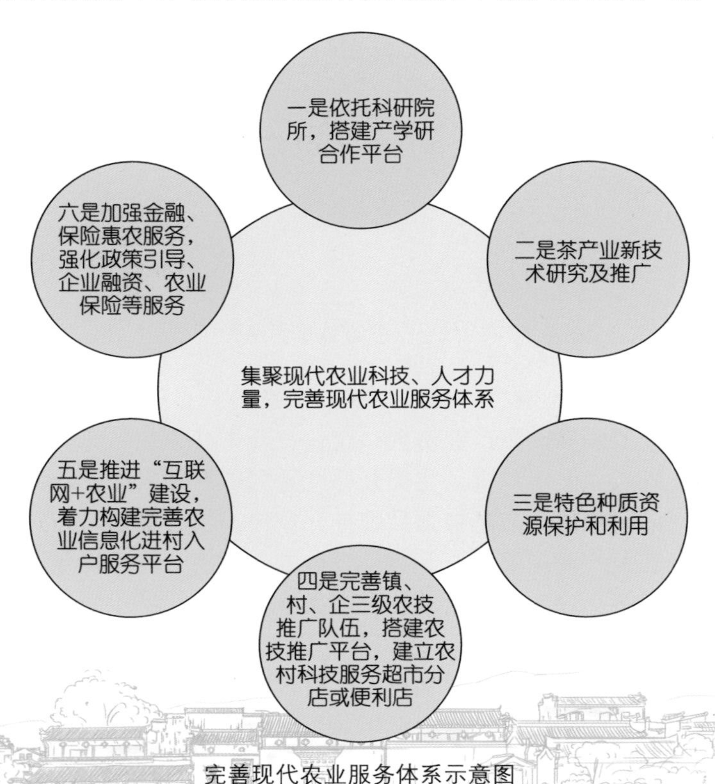

完善现代农业服务体系示意图

发，实现地方特色农业资源保护和利用的综合发展。四是完善镇、村、企三级农技推广队伍，搭建农技推广平台，建立农村科技服务超市分店或便利店。五是推进“互联网+农业”建设，着力构建完善农业信息化进村入户服务平台。六是加强金融、保险惠农服务，强化政策引导、企业融资、农业保险等服务。

6. **全面控制农业面源污染，保护太湖水环境**　围绕茶叶、果树、蔬菜东山镇三大种植产业，建立东山农业农药、化肥减施示范区 3 个，探索物理防治、生物防治和农业防治相结合的病虫草害综合防治措施，减少农药、化肥施用量，保护太湖水环境。

四、利益联结机制

东山镇拥有 70 多家涉农企业，主要为各类农业专业合作社及私营独资企业。这些农业龙头企业承担了东山镇所有农产品的产、供、销服务，是连接“基地+农户”的纽带。

1. **“企业+农户”的模式**　按照“谁投资、谁受益”的原则，“企业以资金、技术入股，农民以土地、劳力入股”的分红方式，公司与农户建立利益联结机制，实现了共同受益。农民以拥有的土地、劳力折价入股，业主以投入的资金、技术折价入股，所得收益按入股比例分红。

2. **“企业+合作社+农户”的模式**　实行统一经营、统一管理、统一分红，并对会员按股金份额进行二次返利，合作社与会员之间结成风险共担、利益共享的共同体。企业向合作社提供苗木、供应农资和种植技术，包括产品回收，合作社组织会员自主生产、自行管理、统一销售，真正实行“企业+合作社+农户”的发展模式，进一步带动了农民增产增收。

五、主要成效

2019 年，东山镇果树、茶叶种植面积 4 万多亩，其中茶叶种植面积 1.3 万亩，茶农 8 000 余户，茶叶总产量达 110 吨。其中，碧螺春茶产量为 50 吨、红茶产量 32 吨、炒青产量 28 吨，茶叶总产值约 1.3 亿元，户均收入 1.6 万元。洞庭山碧螺春茶及其相关产业，如物流、包装、旅游等产业协同发展，经济效益显著，是东山镇农户的重要经济来源之一，也是当地经济的重要组成部分，实现了“绿水青山就是金山银山”的经济效益。

洞庭山碧螺春茶及其产业的壮大发展，使得农户的钱袋子鼓了起来，有利于维护社会的秩序和稳定，增加了老百姓的幸福感、安全感，也有利于碧螺春茶独特炒制技艺的传承发展，有效地保护了非物质文化遗产。

洞庭山碧螺春茶产业生态效益显著，从某种角度上，是利用市场的手段保护了原产地群体种、传统种植模式等特色农业。与此同时，现代化生态种植技术的应用，提高了绿化覆盖率、保护了水源和生物多样性等，生态效益显著，守护了苏州市的一方净土，守护了“绿水青山”。

六、启示

1. 特色优势产业的传承与发展　随着时代的进步，现代化农业得到了不断发展。面对市场的冲击，如何保护和发展特色优势农产品，传承独特的技艺，是一个农业产业健康发展需要考虑的问题。深入挖掘洞庭山碧螺春茶产业的优势，从原产地保护、品种选育、加工研发、市场营销、品牌打造等方面着手，不断提升市场竞争力，使产业可持续发展，是需要通过各阶层的不断努力、几代人的共同奋斗，一点一滴才能实现的。

2. 现代农业技术研发与应用　随着现代农业技术的水平和消费者对绿色、优质、安全农产品的需求不断提高，现代化农业技术需要配套提升。加大对现代农业技术的研发与投入，引进科技力量，探索有效、低成本、普遍适用的绿色生态栽培技术，成为保障农产品内在品质的必要途径。

3. 农业产业纵深发展　当单一的农产品不能满足消费者对物质多样性的需求时，则需要探索农产品深加工产业的可行性发展和市场潜力，促进农产品向多功能方向转型，通过市场调研、经验借鉴等方式，不断优化企业组织结构、产业结构，不断完善经营管理模式，提高产业的活力，使产业纵深发展，以满足市场的需求。

4. 现代农业人才引进与培养　一个产业的健康发展壮大，不仅需要本身具备发展潜力，还需要科技型、管理型等各方面人才的引进与培养。只有源源不断地输送人才，壮大力量发展产业，为产业注入时代的鲜血，才是产业健康可持续发展的持久动力。

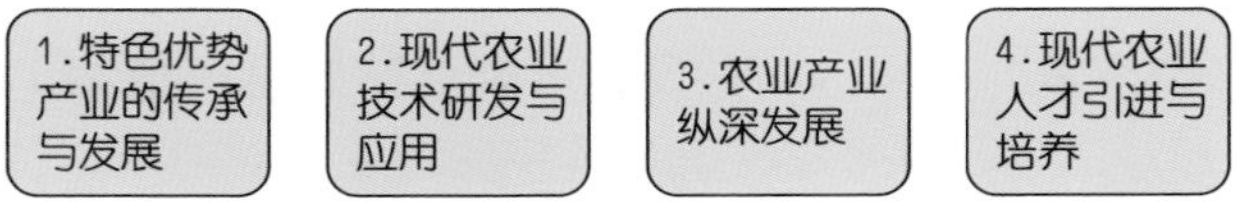

1.特色优势产业的传承与发展

2.现代农业技术研发与应用

3.农业产业纵深发展

4.现代农业人才引进与培养

启示示意图

江苏南京：华成蔬菜专业合作社

导语：江苏省南京市溧水区华成蔬菜专业合作社位于溧水区和凤镇万亩蔬菜产业园，成立于2009年4月，集蔬菜种植、配送、销售及农业科技研究与服务于一体，目前已成为南京市现代高效设施农业的龙头企业。近年来，合作社发展从传统的蔬菜种植、销售，逐渐拓展到种苗生产繁育、蔬菜精深加工以及休闲旅游服务行业。蔬菜生产实行机械化、规模化生产，并带领农民建设创意农园、家庭农场，用于休闲采摘、农事体验，逐步实现从一产到二三产业的融合发展。合作社通过探索形成多元化的利益联结机制，带领周边农户实现增收致富；通过搭建就业创业平台，引进农业人才，与时俱进，实现多模式、多方向发展；通过整合各方面的农业资源，打造利益共享、风险共担的命运共同体，共同促进现代农业的发展。

一、主体简介

南京市溧水区华成蔬菜专业合作社，是由江苏省劳动模范、南京市党代表、南京市好市民路晓华创办的一家集蔬菜种植、配送、销售及农业科

南京市溧水区华成蔬菜专业合作社

↓

集蔬菜种植、配送、销售及农业科技研究与服务于一体的合作经济组织

↓

现有蔬菜种植基地2 008.53亩，其中包括蔬菜规模化种植连栋大棚3万平方米，单体蔬菜种植大棚1 300多亩

↓

工厂化育苗中心玻璃温室3 600平方米、农业产学研示范和展示中心2 300平方米、蔬菜保鲜库房1 000立方米、蔬菜配送和加工车间1 000平方米、办公区3 200平方米、农民培训教室85平方米、电教室168平方米、会议室2间、休闲垂钓鱼塘50亩、农家乐餐饮区300平方米及其他配套设施

↓

2018年合作社实现营业收入11 931万元，净利润近700万元

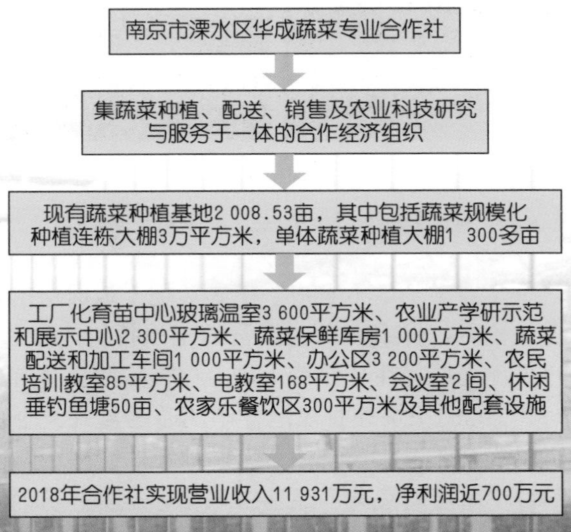

主体简介概况示意图

技研究与服务于一体的合作经济组织，位于南京市溧水区和凤镇万亩蔬菜产业园内。合作社成立于2009年4月，成员出资额500万元。

合作社现有蔬菜种植基地2 008.53亩，其中包括蔬菜规模化种植连栋大棚3万平方米、单体蔬菜种植大棚1 300多亩，工厂化育苗中心玻璃温室3 600平方米、农业产学研示范和展示中心2 300平方米、蔬菜保鲜库房1 000立方米、蔬菜配送和加工车间1 000平方米、办公区3 200平方米、农民培训教室85平方米、电教室168平方米、会议室2间、休闲垂钓鱼塘50亩、农家乐餐饮区300平方米及其他配套设施。目前，合作社注册商标“路成”，主营业务有食堂配送、礼品菜销售、蔬菜宅配送、游客田头采摘及周边市场的批发销售等。2018年合作社实现营业收入11 931万元，净利润近700万元。

二、主要模式

（一）模式概括

包括“合作社＋企业＋基地＋农户”模式、“互联网＋农业”模式。

蔬菜种植基地

（二）发展策略

1. **“合作社＋企业＋基地＋农户”模式** 把土地股份的理念融入合作社，农户加入合作社后，将家庭承包经营的土地折价入股作为成员出资，同时入股的农户可优先选择在合作社工作。这样除股金分红外，农户每年还可获得3万～4万元的工资性收入。合作社通过与龙头企业签订订单生产协议，加入由龙头企业牵头成立的蔬菜产业化联合体中，由龙头企业以保护价统一收购订单生产的蔬菜产品，统一品牌销售，从而解决了农户蔬菜销售的后顾之忧。

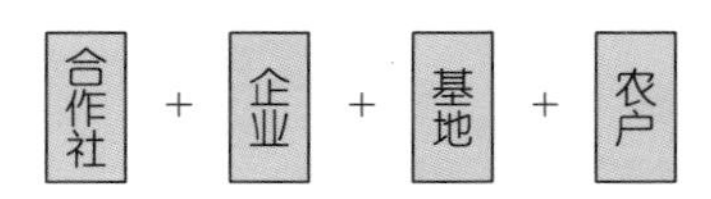

把土地股份的理念融入合作社，农户加入合作社

农户将家庭承包经营的土地折价入股作为成员出资

入股的农户可优先选择在合作社工作

除股金分红外，农户每年还可获得3万～4万元的工资性收入

“合作社＋企业＋基地＋农户”模式示意图

2. **“互联网＋农业”模式**　2013 年，在几名大学生的联合提议下，合作社开始着手建立网上销售平台，进行产品的展示、宣传、销售。2014 年 10 月，电商平台“华成商城”正式建成，平台以华成蔬菜基地自产的蔬菜为主，融合了溧水范围内的各类优质农产品（包括蔬菜类、水产品、水果类、肉类、禽类、粮油副食等），品类多样，物美价廉。商城主推 6 种会员套餐，针对家庭人口不同，选择不同的套餐，叶菜、茄果、杂粮和食用菌合理搭配，每周两次的送货上门，满足一个家庭一周所需蔬菜，再搭配上荤菜，真正做到足不出户就可以吃到新鲜的蔬菜。

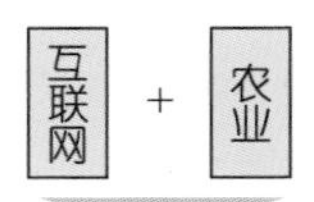

着手建立网上销售平台，进行产品的展示、宣传、销售

2014年10月，电商平台“华成商城”正式建成

平台以华成蔬菜基地自产的蔬菜为主，融合了溧水范围内的各类优质农产品（包括蔬菜类、水产品、水果类、肉类、禽类、粮油副食等）

商城主推6种会员套餐，针对家庭人口不同，选择不同的套餐，叶菜、茄果、杂粮和食用菌合理搭配，一周两次的送货上门

“互联网＋农业”模式示意图

“华成商城”网站页面示意图

（三）主要做法

1. 合作社与多家科研单位达成产学研服务机制　依托江苏省农业科学院、南京市蔬菜研究所、南京农业大学、金陵科技学院等科研单位的专家，为合作社及其周边农户提供技术支持，并定期邀请他们来基地实地培训指导，帮助农户解决蔬菜生产中遇到的问题。各科研单位为合作社蔬菜种植提供优良的种植品种、高产的种植技术和栽培模式，在帮助农户提高生产效益的同时，也使得很多科研成果得以落地转化，促进蔬菜产业发展，解决蔬菜生产的技术问题。

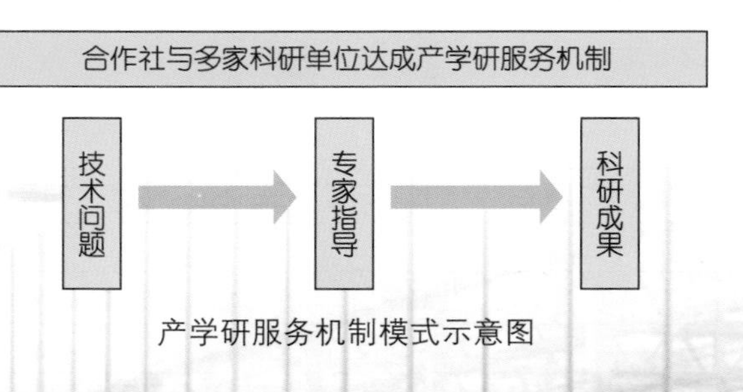

产学研服务机制模式示意图

2. 严格管控产品质量　合作社从投入品供应、蔬菜生产、病虫害防治、肥水管理等方面严格控制把关农产品质量，大力推广测土配方施肥及绿色防控技术，减少化肥和农药的使用，提高产品品质。对合作社生产的蔬菜产品，合作社制定了严格的生产投入品进出库制度、产品检测制度、基地准出制度，并逐步完善农产品质量追溯体系；通过配备农残检测仪等必要的农残检测设备和试剂，对生产的每一批蔬菜进行检测，凡不符合国家或行业食品安全标准的不得采收，检测不合格产品一律不得销售，所有销售的蔬菜都需出具检测合格证明。追溯体系记录了蔬菜从种苗生产到田间种植再到采收销售的全过程，解决蔬菜生产的质量安全问题。

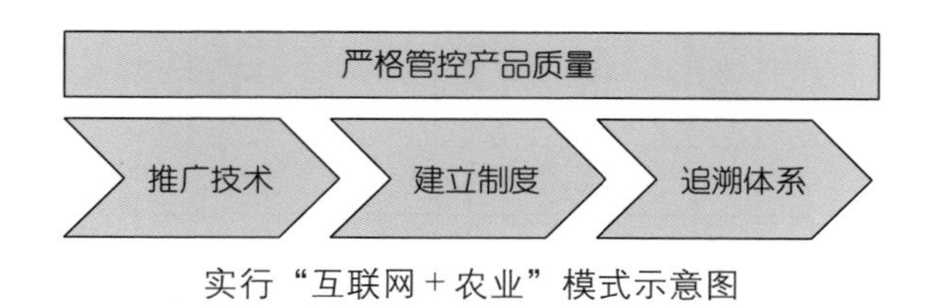

实行“互联网＋农业”模式示意图

3. **构建蔬菜产业全程产业链**　合作社多年来积极探索蔬菜全产业链发展的解决方案，构建了集蔬菜种苗繁育、品种展示、设施种植展示、农业四新工程、新品种资源库、智慧农业展示、农产品质量及安全追溯体系建设、农产品电子商务、蔬菜批发与配送、农产品直销、江苏农村科技超市、农业种植直播、休闲农业于一体的蔬菜全产业链。

4. **全面运作“互联网＋农业”**　为保证电商平台的平稳运行，合作社首先组建了由 6 名大学生组成的服务团队，分别从事电商平台的接单、发货、配送及售后等工作。其次，合作社先后建成保鲜冷冻库 1 000 立方米，用于各类农产品的保鲜和储存，并配备物流冷链车15 辆，用于各类农产品的配送服务。运输车辆统一专车专用，定期清洗消毒，保证农产品的质量安全。此外，2018 年合作社结合电商平台在基地建设了 1 000 平方米的农产品展销中心，作为电商会员体验、农产品宣传展示的线下平台，实现线上线下的一体化销售。继华成蔬菜商城成功运作之后，合作社又开通了手机微信端，产品与商城同步呈现，推出了团购、买就送、基地体验等一系列优惠活动，微信端的粉丝量在 2 000 人以上。同时，配合会员体验种植、采摘等田间劳作，合作社还筹建了农家乐，年接待上千会员在基地体验农事劳作、休闲采摘、科普教育等活动。此外，为了加强对产品的宣传推广，合作社在溧水城区挑选人流量大、购买力强的小区，不定期举行“华成蔬菜进社区”的活动，扩大对合作社蔬菜产品的宣传，增加会员的体验感和参与度。网上商城和微信平台的成功运作，解决了蔬菜产业产销衔接问题。

5. **搭建就业创业平台，带动大学生就业创业**　合作社在 10 年的发展过程中，非常注重人才的培养和引进，先后引进青年大学生16 人，为他们提供就业和创业的资源和平台，帮助他们实现就业创业。目前已有 3 名大学生成立了自己的公司，开启了自己的创业之路。在大学生创业阶段，

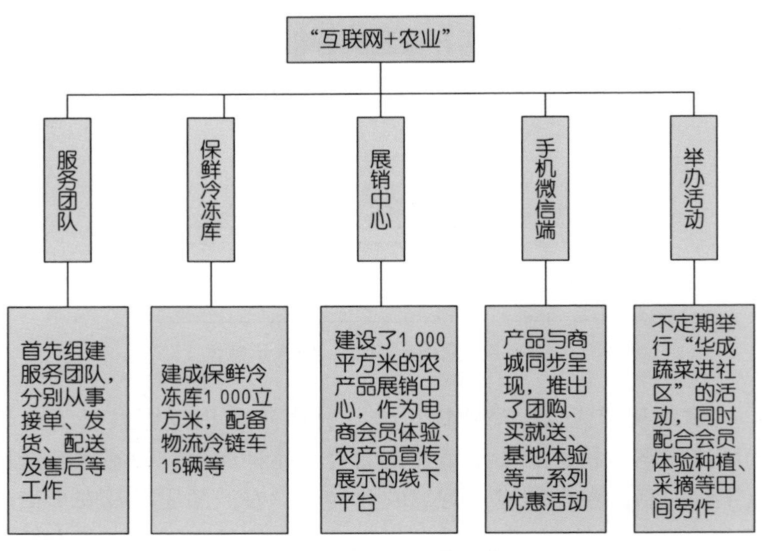

"互联网＋农业"运作示意图

合作社不仅为其提供场地、人力、科技等资源，也会通过自身的资金扶持帮助刚创业的大学生解决创业初期资金筹集的难题。合作社将现有的业务划分为七大板块，包括蔬菜生产、种苗生产、水产养殖、食堂配送、电商销售、休闲采摘以及农家乐等。每位大学生在来到合作社后，都会在各板块进行轮岗实习，合作社在轮岗的一年内为他们发放工资，一年后各自找到适合自己的平台和团队，开始自己的就业或创业之路。合作社将每个版块划分给大学生独立经营，每位大学生都是自己的"老板"，大大激发了他们的工作积极性。生产组以优惠价承包合作社建设的生产设施，除总体生产布局和投入品之外，其他一切关于生产的大小事宜都由生产组统一负责。生产组生产的蔬菜产品经检测人员检测合格后，统一由销售部门以高于市场价5%的价格收购。销售团队根据食堂配送和电商配送的需求，将产品分类保存、分开配送。种苗生产组主要负责各类蔬菜种苗的培育，每年根据种苗订单量，合理安排种苗生产茬口，按时足量地将生产所需的种苗交由生产组统一安排，并保证种苗的质量。电商销售小组主要通过网上销售平台、手机客户端以及电话等方式接收客户订单，而后安排产品的采收、加工、包装和配送，并及时做好售后服务工作。休闲采摘和农家乐由专门的后勤小组负责，负责接待前来基地进行参观、游玩的游客以及参加培训的人员，并负责解决他们的食宿问题。合作社的各个板块看似各司其职，却又紧密相连，各小组之间协调一致。这样一方面能够激发大家工作的积极性，另一方面也让大家有集体的归属感，能够齐心协力共同为合作社的发展而努力，同时也解决了“谁来种菜”的问题。

蔬菜产业发展

三、利益联结机制

合作社自成立以来，积极探索与农户的合作方式，目前已经与各农户建立了有效的利益联结机制。

1. **以土地入股合作社，并在合作社务工的方式**　通过把土地股份的理念融入合作社，农户加入合作社后，将家庭承包经营的土地折价入股作为成员出资，同时入股的农户可优先选择在合作社工作。这样除股金分红外，农户每年还可获得3万～4万元的工资性收入。

2. **签订种植协议进行订单生产的合作方式**　每年进行订单生产的农户有1 250户，年订单金额5 000多万元。

3. **提供技术指导并收购其符合质量要求的农产品帮助其销售的合作方式**　合作社每年都会邀请专家实地对周边农户进行技术培训和指导。2018年培训1 200人次，通过合作社提供技术指导服务的种植面积在3 500亩左右，提供种苗和农资服务1 000多户。对于其符合质量要求的产品，公司以保底价加返利定价收购，年收购周边农户蔬菜产品2 000多万元，户均增收5 000元左右。

4. 通过电商宣传，为农户介绍休闲旅游客户群并帮助其规划休闲采摘品种，拓宽销售渠道 2018年，累计接待休闲采摘2 000多人次。对于周边农户种植适合采摘品种以及蔬菜种植品质较好的，合作社会带领前来休闲采摘的客户到各农户种植区进行采摘和购买农产品，年休闲采摘销售额300万元左右，合作社与农户按照三七进行分成。通过这种方式有效带动周边200多户农户增收致富。

以土地入股合作社，并在合作社务工的方式

签订种植协议进行订单生产的合作方式

提供技术指导并收购其符合质量要求的农产品帮助其销售的合作方式

通过电商宣传，拓宽销售渠道

利益联结机制示意图

四、主要成效

1. 经济效益 合作社紧跟时代形势，及时调整产业结构，大棚设施蔬菜种植由每年2茬改为每年4茬，种植品种不断丰富，创造了蔬菜标准化生产设施和技术条件，采用轮作、套作、间作等高产栽培模式，结合水肥一体化、机械化生产管理，减少蔬菜生产成本，提高产出效益。华成商城效益可观，集宣传、咨询洽谈、网上订购、网上支付、交易管理等于一体；截至2019年，已拥有900多名会员，月销售额可达100多万元，客户群体包括了年轻白领、医生、教师、全职妈妈等追求安全、放心农产品的注重养生、健康的人群。目前，华成商城只辐射溧水及高淳部分区域范围，这样一方面能够及时有效地实现配送到家的服务，最重要的是能够最大限度地保证农产品的新鲜度，确保能够在最短的时间内将客户订购的农产品送至客户手中。客户对此都有较好的评价，通过客户介绍的客户占了新客户数的60%。

2. 社会效益 合作社采取统一种植、统一管理、统一销售的方式，从源头开始把关，形成蔬菜生产全程质量追溯体系，提高蔬菜产品品质，增加产品附加值，提高农民收益。合作社对农户蔬菜生产进行一对一现场指导，提高蔬菜生产技术和产量，并以保护价收购农户生产的蔬菜产品，解决农户蔬菜销售的后顾之忧。同时，带动一批经纪人队伍从事蔬菜电商销售、配送、休闲采摘、农家乐等活动，带动农户实现蔬菜产业的转型发展和增收致富。为周边 1 000 多名农户提供就业和创业机会，常年吸纳就近大龄劳动力近 300 人，在一定程度上缓解了农村剩余劳动力就业问题。此外，基地蔬菜全产业链发展模式为众多想要从事农业创业的大学生提供了创业平台。截至目前，合作社共吸纳青年大学生 16 人，其中有 6 名大学生已经承包了独立的版块，有 3 名大学生成立了自己的公司，开始了自己的创业之路。

3. **生态效益**　通过在蔬菜生产过程中采用水肥一体化管理、测土配方施肥、绿色防控、土壤改良等生产技术，减少化肥和农药的使用量，为蔬菜产业绿色健康可持续发展创造良好的环境。

五、启示

近年来，农业作为中国的基础产业，开始逐渐从传统农耕农业朝着机械化水平更高的现代农业转型。但因农业本身是劳动力密集型产业，有着靠天吃饭的自然属性，要实现农业的现代化转型发展，必须要有科技的支撑、人才的支撑、资金的支持以及其他社会资源的支持。随着人们生活水平的提高，越来越多的农村劳动者不再愿意从事辛苦的体力劳动，用工难的问题已经成为制约农业发展的关键因素，实现农业的机械化、规模化、标准化生产势在必行。科技是第一生产力，农业实现转型发展，离不开农业科技的支持；而现阶段有些科研成果只是停留在实验室内，没有完全应用于实践生产中，各级管理部门和生产主体需要加强与科研单位的联系，建立长期有效的产学研合作协议，真正做到让科技指导生产、让科技创造价值。最后，农业的发展需要新鲜的血液，需要更多的科技人才。大部分的年轻人因为承受不了农业工作环境的艰辛而选择放弃，就农业专业毕业生来说，毕业后从事本专业的也寥寥无几。因此，作为农业企业来说，想要引进更多的人才就必须找到能够留住人才的方法和发展模式，让更多的年轻人愿意从事农业工作，愿意为农业的发展贡献自己的智慧和力量。

江苏扬州：三五斗优质食味稻联合体

导语：江苏省扬州市江都区，境内地势平坦，河流交织，水、土、肥条件均较好，主产粮食和水产品等，耕地面积 102.3 万亩，2018 年水稻种植面积 67.86 万亩，农户 27.14 万户，户均水稻种植面积 2.5 亩。随着农村改革的不断深入，城市化进程不断加快，人们对高品质稻米需求不断提升，而农业劳动力向非农产业转移的比重不断加大，从事粮食生产的劳动力素质水平不断降低，加上小农生产意识和粮食生产粗放方式，传统种植业模式已不能满足现代农业发展需求，成立农业产业化联合体打造现代种植业模式迫在眉睫。

2017 年，围绕国家六部委下发的《关于促进农业产业化联合体发展的指导意见》，扬州中月米业有限公司联合 5 家农业公司、30 家合作社、50 户家庭农场及种植大户等共同组建成“三五斗优质食味稻联合体”，探索利益联结与共享机制。目前，联合体订单面积近 6 万亩，涉及农户约 12 500 户。

联合体牵头企业——扬州中月米业有限公司

一、主体简介

联合体主导企业省级农业产业化龙头企业扬州中月米业有限公司成立

于2010年，位于长江之畔的红色革命老区——扬州市江都区郭村镇，主要从事稻米加工及销售；2013年，响应区政府农产品质量安全联盟号召，推行标准化生产，在江都区大桥、吴桥两个镇试点订单种植7 000亩；2015年，依托区“农服通”管理信息平台，对农业生产进行全产业链管理，实现“农业生产标准化和农产品营销品牌化”，通过二维码进行产品质量追溯，实现优质稻米安全可视化。

二、主要模式

1. 模式概括　联合体构建了“龙头企业＋合作社＋农户”的生产模式，引导传统农业向现代农业方向发展，形成“市场带企业，企业带合作社，合作社连农户”的产供销一条龙、农工贸一体化的产业格局，达到企业、合作社和农户三方共赢。

构建“龙头企业+合作社+农户”的生产模式

形成“市场带企业，企业带合作社，合作社连农户”的产业格局

达到企业、合作社和农户三方共赢

发展模式示意图

2. 发展策略　进一步发挥龙头企业的示范带头作用，充分拓展企业、合作社、农户的联合优势，实现三体产业联动、三大主体融合，提高农产品经营主体的经济效益和竞争力。积极引导和带动农民发展农产品生产，利用龙头企业中月米业现有的优势品牌、企业知名度、农机设备和销售渠道等资源，对联合体的成员实现区域内的统一服务，即统一提供农业技术，统一提供良种良法，统一提供种子、化肥、农药，统一植保，统一机耕机种，统一机械收割烘干，统一收购农产品，统一检验检测，统一销售的“九统一”，在较大区域内让联合体成员在产前、产中、产后诸多环节上，形成完整的产业链，实现资源的优化配置，促进农村种植结构和产业结构的调整与优化。最大限度地降低种植户的投资风险，增加农民的收入，提高农民的种植积极性，较好地解决产能过剩问题，增强企业自我发展的能力，并为政府节约重复投入的土地资源，实现“多方共赢”。

订单种植签订会

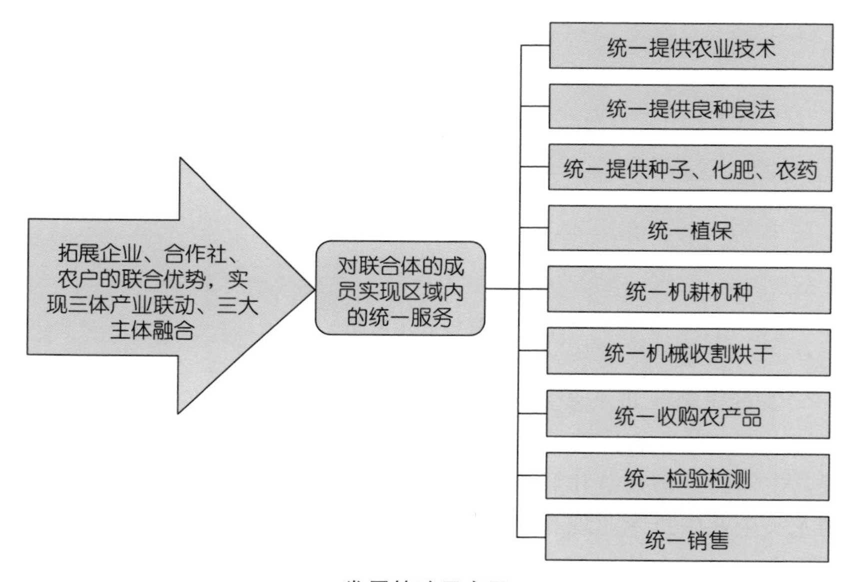

发展策略示意图

三、主要做法

1. **推进绿色种植，缓解资源环境压力**　近年来，联合体在6万亩的订单种植中建立了2.5万亩的优质水稻绿色食品种植基地。合作社、家庭农场和种植大户所承包流转的土地以自然村为基地单元。严格执行《江都区粮油生产环境保护办法》，鼓励基地各单元在渠边、圩边栽植树木，倡导种植户组织开展“三清”（田园、水源、家园）活动，及时清理生产废弃物品。每个基地单元选择 1 名负责人，具体负责该村的基地管理工作。基地单元负责人在种植前发放绿色食品种植规程和生产须知，与订单户签订种植收购协议书和质量安全承诺书。配合镇农技中心做好生产记录，加强巡查监督。结合区农民培训，邀请农技专家对基地各单元的所有订单种植成员进行 1～2 次有关绿色优质生产方面的知识培训。依托农技部门设立的千亩示范方，各基地单元搞一个百亩示范方，建立完整田间生产档案。农业投入品由联合体统一进行招投标，定点经营基地生产所需各类农资等，建立健全购销经营台账。配合镇农产品质量安全监管站和区执法大队定期不定期的检查监督。各基地单元种植户不得私自购买违禁药物、肥料和种子。如有发现，则取消种植合同，拒绝收购。各基地单元互相监督，定期不定期由基地管理小组组织检查督查。年终对各基地单元进行测评，激励先进，鞭策落后。

专家现场指导

2. 重视食品安全，适应农产品消费升级　“一饭膏粱，维系万家；柴米油盐，关系大局。”为确保消费者“舌尖上的安全”，2015 年 4 月，江都区在江苏省率先成立江都安全农产品联盟。联合体牵头企业中月米业作为联盟首批成员，积极推动安全农产品联盟的发展。

加入联合体的所有成员都必须加入安全联盟，订单种植户要按照无公害稻麦标准化生产操作规程的要求生产，减少化肥和农药施用量，推行绿色植保和公共植保，对化肥、农药等投入品严格按照标准进行投入，及时、真实、完整地记录从播种到销售的全过程生产信息，真正形成生产信息全过程跟踪，建立起“从田间到餐桌”的农产品质量安全可追溯体系。只有经过系统平台确认生产过程全程合规并通过检测的水稻，才予以收购，从而在源头上保证了大米的安全。中月米业引进二维码技术，在每袋大米上都贴上二维码，手机扫一扫便可获知包括品种、施肥、用药等所有种植信息。

稻谷检测取样

2016 年，在举办中国（江苏）国际现代农业博览会展销期间，由于二维码可追溯系统的应用，使得江都大米在众多米业企业中脱颖而出，赢得上海、浙江等地消费者的认可。中月米业生产的大米出厂价比普通大米每吨高出近 700 元、效益多出近 300 元，但市场仍然供不应求，真正体现出了优质优价。

3. **发展社会化服务，应对生产成本上涨** 近年来，随着工商资本投资农业增多，土地流转租赁价格大幅上升；中青年农民普遍不愿从事农业生产，农业劳动力不足，农业季节性雇工用工紧张且成本持续增长；受成本推动的影响，农资企业的生产成本上涨，不得已提高了产品的出厂价格。

*(1) 加快农机专业合作社建设，解决增机具和降成本的矛盾。*联合体整合成员的农机具，组建了农机专业合作社，按照“民主管理、服务于民”的经营理念发展，聘请专家深入田间地头，开展以农机安全知识、农机具维护保养、田间操作为主要内容的培训，提高社员农机作业技术水平；制定规范的农机作业服务合同，明确作业质量、作业时间、收费标准、结算方式、违约责任等，以保障作业双方的利益；对全部农机具进行编号，粘贴统一的标识，认真做到农机统一、人员统一。

（2）探索统防统治社会化服务，解决分户包与统一管的矛盾。联合体作为刚刚兴起的新型主体，组织和动员社会力量，解决单家独户在生产和经营上力所不及的问题。2018 年联合体水稻病虫害社会化服务面积达 2.4 万亩，占种植面积的 40%，其中自有基地 6 000 亩实现 100%社会化统防统治。未参加社会化统防统治的订单种植户，由联合体提出综合防治意见并统一购买药剂，下发到种粮农户手上进行防治。

（3）提高农民组织化程度，缓解农村劳动力矛盾。针对农村“993861 部队”种田现状，有效解决劳动力短缺及耕作粗放甚至撂荒的难题，农忙等时节，联合体组织当地富余劳动力统一进行施肥、喷洒农药和收割播种等社会化服务，既解决了谁来种地和怎么种地的问题，也对新农村建设和社会稳定有很好的推动作用。

（4）加强品牌建设，提高农业生产效益。一是坚持标准化生产。联合体不断加强质量标准体系建设，抓好农产品质量监督检测，做到质量有标准、生产有规程、产品有标志，以绿色品牌理念引导粮食生产标准化。二是推进科技创新。联合体持续保持与农业院校、科研院所和各级农技推广机构合作交流，通过科企联合、科企嫁接，增强农业科技自主创新能力，提高科技对品牌建设的贡献率和支撑力。三是扩大品牌影响力。联合体牵头企业积极参加农展会，多渠道多形式加大宣传，扩大企业影响力和产品知名度。每年组织人员到周边的养老院、福利院慰问老人，为老人带去米面油等生活用品，为企业建立良好的口碑。目前，中月米业已拥有“中月稻场”“荷香悦食”等 4 个注册商标。其中，“中月稻场”先后被认定为“江苏名牌产品”“江苏省著名商标”“江苏省最好吃的大米特等奖”“江苏省十大品牌大米”等，并成功申请了“马德里国际商标”“新加坡商标”等商标。

4. 争取政策扶持，提升产业运营质态　随着农业产业的不断发展，国内外市场竞争日益激烈，联合体成员数量、规模逐渐增加，联合体发展受资金、土地、技术和人才等因素的制约比较严重。联合体积极向各级政府部门寻求政策扶持、项目资金和技术指导。一是合理合规地争取设施农业用地。2014 年国土资源部、农业部出台设施农业用地政策以来，联合体各成员根据种地规模、粮食产量和农机具数量等实际，共申报审批了设施农业用地 50 亩，建成烘干中心 10 个、粮食临时仓库 10 个、农机库 5 个、农资仓库 5 个。二是积极争取产业扶持项目。联合体成立以来，随着订单种植规模的不断扩大，消费者对食品安全、品质的要求不断提高，企业积极争取农业产业化项目，不断改造升级精米生产加工设备，更好地满足市场需求。三是不断加强与农技部门沟通联系。随着联合体内产业化经营的不断发展，传统种植业向现代种植业不断转变，对农业生产新模式、新技术的需求就更加迫切。据不完全统计，仅 2018 年联合体内部通过与各级农技推广部门的沟通协调共邀请各类植保、农机、种子和土肥专家上门辅导 30 人次，参加各级组织的农民培训、参观、调研 50 人次。

四、利益联结机制

联合体推行“利益共享、风险共担、命运与共”的利益联结机制，以“安全、优质、绿色”为基本要求，把农产品生产、加工、销售 3 个环节有机地联结起来，为现代种植业发展注入新的内涵，带动一方农民稳定、持续增收。一是“九统一”模式，降低企业和农民的投入成本，节约土地资源。推行“九统一”模式可为 10 万亩农田丰产增收保驾护航，建设为农服务新平台，实现全程机械化作业，联合体成员降低因购置农业机械、建设仓储、烘干房等的投入成本在5 000万元以上，减少建设仓储、烘干房、机库等设施而节约土地1 000亩左右，避免造成土地资源浪费；以绿色种植为标准开展稻鸭共作、稻虾共作等多种综合种养结合模式，既保证了粮食质量安全，又为联合体发展增长“附属产业价值”空间。二是实施品牌战略，推行订单作业为民增收。通过品牌提升优质农产品的信誉、信用和市场号召力，倒逼高质量农产品的生产与供给，充分利用农产品质量安全追溯系统等现代技术手段，通过推进订单作业，让农民分享到加工、流通等环节中更大的利润，促进农业增效、农民增收。2018 年订单6 万亩，收购优质稻谷 3 万吨，符合要求的粮食在收购时采取比市场价高 0.1 元/斤*的价格收购，使农民增收 760 万元。

带动农民增收流程

* 斤为非法定计量单位。1 斤＝500 克。

五、主要成效

1. **经济效益**　联合体运行中，引导龙头企业根据市场需求，积极向上下游产业延伸，提升价值链。主动聚焦产业链薄弱环节，补齐产业链短板，构建完整的生产加工流通产业体系。年均新增销售收入 2.5 亿元，年利润总额达 1 200 万元。

2. **社会效益**　联合体促成了适度规模经营，农田生产基础设施条件得到大大改善，农业综合生产能力也大大提高。推动建设的高产农田，每年可增产 2 万吨粮食，种植粮食年亩产 1 000 千克以上，直接带动农民增收 500 万元以上。农业社会化服务体系覆盖产前、产中、产后全过程，年产值达 1.5 亿元以上，带动农民季度性用工增收 100 万元以上。引进和推广农业新技术、新品种，农业机械化作业率高于 90%，优良品种覆盖率达到 100%，有利于促进农作物布局的进一步优化，加快农业产业化结构的调整步伐，提高农业的综合生产效益，增加农民群众经济收入，从而有力地推动项目区农业和农村经济的快速发展。

与订单种植户利润分享

3. **生态效益**　通过加大农田基础设施配套，全面提升灌溉水平，有利于降低灌溉过程中的污染源，田间灌排工程配套率、完好率在 95%以上。实现秸秆全量还田，减少了焚烧秸秆对大气的污染，增加了土地肥力，减少化肥的用量，改善土壤环境。全面推广植保统防统治和化肥深施，有利于减少农业面源污染和土壤肥料的流失。同时，在农药的使用上，严格按照国家无公害食品生产的农药使用准则执行，有效控制农药施用，实现绿色防控。以建防护林等手段，改善农村生态环境，促进农村环境综合整治，树立农村新形象，可促进生态有机绿色稻米生产，提高稻米附加值，让市民吃上“放心”米。

六、启示

我国“大市场小农户”的基本国情、江都自然资源等客观因素，决定了本地以粮食种植为主的农业生产格局。这种在过去一直被引以为荣的优势，随着市场价格持续走低，其弊端也逐步显现出来：一是结构调整空间狭窄、局限性较大，产品深加工余地小、附加值低；二是价格竞争能力明显小于具有规模经营优势的集中产区；三是由于只注重高产，轻视优质，大米在市场竞争中已不占上风。如何正确处理发展适度规模经营和扶持小农户的关系，并将其导入现代农业发展轨道，三五斗优质食味稻联合体给我们以深刻地启示：

1. **怎样种地** 这似乎是令人贻笑大方的话题，在农村谁还不会种地？但三五斗优质食味稻联合体给我们的启示是，种植农业与经营农业是两个完全不同的理念，由此派生出的耕作方式、销售模式等也迥然不同。

在当前农业经济受市场和资源双重约束的新形势下，所要解决的最根本问题就是积极推动传统农业向现代农业、由粗放经营向集约经营转变，最终实现农户增收、农业增效、农村发展。如何引导农民适应市场经济的发展要求，建立产业化联合体，形成家庭分散经营与社会化服务之间的利益互动、良性循环关系，是新阶段推进农业发展的历史性使命。

2. **谁来种地**（或会种地） 随着农业农村经济的发展和不断融入市场，一个不可回避的问题直面而来：解决未来农业后备军问题。通俗地说，未来我们的土地由谁来种，这是必须研究解决的重要课题。从三五斗优质食味稻联合体的实践可以初步勾勒出“蓝图”：通过土地流转实现适度规模经营，由龙头企业培养新一代农民或种植业工人，专门从事农业耕作或田间管理，按照订单生产、规程操作，变家庭农场为工厂式集约化农场。可以预见的是，未来谁来种地或者谁会种地，可以通过农业产业化联合体逐步消弭矛盾、渐次化解隐忧。

3. **种什么** 回顾农业发展所经历的过程，大抵分为两个阶段：一是追求产量，关注或解决温饱；二是追求质量，关注食品安全、品质和人的健康。由此也衍生两个增长（或生产经营）方式：注重产量和追求质量。实际是这两个方式既对立又统一，是相辅相成、共融互促的整体。但在现阶段，要突出后者，而且未来农业发展只能是向着安全、优质、营养的方向进化，彻底跳出食物链条的“互害”陷阱。

联合体以提高效益、促进增收为主旨，扬长避短，以特求活的农业结构调整思路：充分发挥生产条件、种植技术、地缘区位等优势，立足于名、优、特、绿品种，逐步淘汰普通稻米的种植，建成特种稻米生产之乡、绿色食品基地，走生态农业的发展路子，瞄准中、高档市场，分割较小市场的较大份额；从提高产品质量入手，以粗改精为主线，实施集约化经营。围绕上述思路，着力使农业产业化联合体为全面实施农业结构调整、促进农业增效、农民增收提供可靠保障和有效拉动，从而使服务工作更具方向性和前瞻性。

河南三门峡：三门峡二仙坡绿色果业有限公司

导语： 三门峡二仙坡绿色果业有限公司近年来坚持多产业并举、融合发展，经过多年的探索发展，目前已形成以优质果品生产、果品冷藏销售、科技培训示范带动、脱毒组培育苗、肉兔养殖、生态观光旅游等于一体的多产业融合发展模式，取得了较好的经济效益、社会效益、生态效益。

一、主体简介

三门峡二仙坡绿色果业有限公司位于三门峡市陕州区大营镇二仙坡，其前身是1999年成立的“陕县二仙坡绿色果业山庄”，2008年6月变更为有限公司，注册资金4 500万元。公司现有员工1 400余人，拥有各类技术人员120人，其中高级农艺师5人、农艺师21人。公司现有流转土地总面积30 000余亩，其中果品种植面积11 800余亩，包括苹果9 000余亩，桃、梨等2 000余亩，另有生态林12 000余亩。公司附属建设有2万吨果品储藏保鲜库、果树脱毒组培育苗基地、2.5万平方米高标准节能日光育苗温室、国家苹果产业技术体系三门峡培训中心等，是一家集绿色（有机）果品生产、果品冷藏保鲜销售、脱毒组培育苗、肉兔养殖、科技培训示范带动、生态观光旅游于一体的高科技民营企业。公司是农业产业化国家重点龙头企业、河南省林业产业化重点龙头企业、全国科普惠农兴村先进单位、河南省水土保持先进典型及“三门峡市市长质量奖”获奖单位，是河南省守合同重信用企业、中国果品协会常务理事单位、“三门峡二仙坡果品产业化联合体”的核心企业，被中国果品流通协会授予“2016年度中国果业龙头企业百强品牌”，被国家林业局评为“中国智慧林业典型案例50强”企业。

二、主要模式

1. 模式概括 果品生产＋冷藏销售＋果树育苗＋林下养殖＋培训示范带动＋生态观光等多产业融合发展模式。

2. 发展策略 公司成立以来，坚持以“发展绿色农业，增加农民收入”为宗旨，以“坚持绿色农业理念，保护生态环境资源，实施标准化生产，打造二仙坡品牌，龙头带动产业发展”为经营理念，实行规模化种植、标准化管理、品牌化销售、产业化经营、多产业融合化发展。

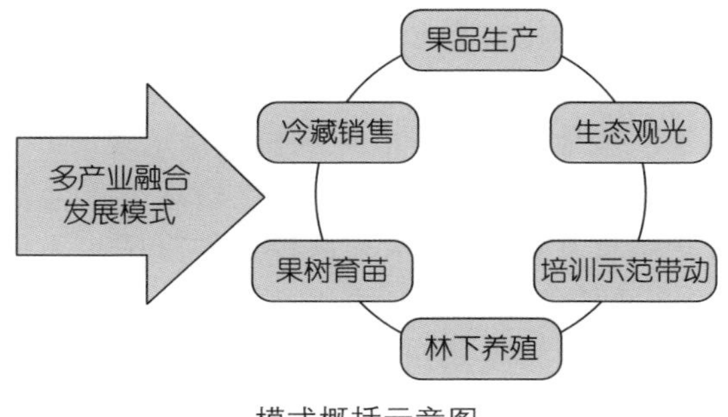

模式概括示意图

以"发展绿色农业，增加农民收入"为宗旨

以"坚持绿色农业理念，保护生态环境资源，实施标准化生产，打造二仙坡品牌，龙头带动产业发展"为经营理念

实行规模化种植、标准化管理、品牌化销售、产业化经营、多产业融合化发展

发展策略示意图

三、主要做法

1. **强化基础设施建设，组建一流果品基地** 组建果品基地是产业化经营的基础，公司成立以来一直将组建果品基地作为公司发展的重点。公司果品基地位于三门峡市陕州区大营镇二仙坡，地处西北黄土高原东部浅山丘陵区。该区域海拔较高，光照充足，雨量适中，昼夜温差大，是全国乃至全球优质高档果品的最佳生产区域，属"中国苹果优势产业带"核心区。基地远离工矿企业，无环境污染，经国家权威机构监测，具备生产"AA级绿色苹果"条件。基地组建以来，已陆续开展土地整理（坡改梯为主）20 000余亩，栽植各类果品11 000余亩、生态林12 000余亩；累计修建水泥道路12.9公里、田间沙石路60余公里；先后修建拦河坝2座，修建一级提灌站2座，修建各类蓄水调节池16座，铺设田间节水灌溉管网20余万米，全面实行节水灌溉；基地内安装有果园生态环境监测仪、自动化节水灌溉控制系统、果园生产动态监控系统等，实现了果园生态、生产管理的信息化自动化控制；在基地内依托中国农业科学院国家北方落叶果树脱毒中心，组建二仙坡果树脱毒组培扩繁育苗基地，建设工厂化组培实验室600平方米，5栋高标准节能日光育苗温室25 000余平方米，并

引进当前最先进的组培脱毒育苗技术，开展果树脱毒组培快速育苗工作，目前年可培育优质脱毒矮化自根砧（中间砧）苗木10余万株。二仙坡果品基地已发展成为国内目前面积较大、生产技术较先进、管理水平较高的现代化优质果品生产基地之一，是农业农村部指定建设的“国家绿色果品生产基地”和“国家标准果园”，国家标准化管理委员会指定建设的“国家有机苹果标准化示范基地”，被水利部授予“全国水土保持科技示范园区”，是中国苹果产业技术体系指定的“国际专家定点指导示范园”，是河南农业大学、中国农业科学院郑州果树研究所的试验示范基地。

二仙坡果园

2. **积极开展科技创新，全面推行果品标准化生产** 在生产技术方面，公司常年与中国农业科学院果树研究所、郑州果树研究所、河南农业大学、西北农林科技大学等开展技术合作，并聘请中国果树首席专家汪景彦为常年技术顾问，采取“请进来、走出去”等方式，认真学习先进技术，并积极开展科技创新和新技术示范推广。经过几年努力，总结制定出了适合当地优质果品生产的《二仙坡绿色、有机苹果生产技术操作规程》，从苗木选用、土地整理、肥料使用、病虫害防治、园区灌溉、田间管理、采摘包装、冷藏保鲜销售等各环节制定了严格的生产管理技术标准。生产管理中实行“五个统一”，即统一技术规程、统一配方施肥、统一病虫害防治、统一整形修剪、统一品牌销售。狠抓“十项关键生产技术”落实，即：①施用生物肥料改善土壤理化性状和营养条件，提高果品产量、糖度、整齐度；②采用“松塔”树形，树势壮不旺长，易成花产量稳，光效好品质优，果树不分大小年，优质果率可达90%以上；③采用农业、物理、生物方法综合防治病虫害，降低有害化学物质残留；④田间种草覆草，调节园内小气候，增加土壤有机质；⑤全园套双层纸袋，提高果实外观品质；⑥全园实施节水灌溉，满足果树水分需求；⑦采取壁蜂授粉技术，提高坐果率；⑧地面覆盖反光膜，增加果实着色；⑨营养保健食品培育（开发SOD、富钙、富锌、富硒等功能果品）；⑩实行无害化包装，确保果品安全健康。在做好生产技术管理的同时，积极开展试验研究和科技创新，先后获河南省科技进步奖三等奖2项、三门峡市科技进步奖6项；以“十项关键生产技术”为主要内容的二仙坡果品生产技术模式被中国林业产业联合会评为“2014—2015年度中国林业产业创新奖”；并成功培育了适宜当地生产的早、中熟苹果新品种“富嘎”“富华”，分别于2011年、2013年经河南省林木品种审定委员会审定通过，在豫西地区得到了逐步推广，取得了较好的经济效益、社会效益。

3. 强化果品质量管理，确保产品优质安全 质量是企业的生命线，在果品质量管理中，共整合国家、行业和企业标准62项，建立了二仙坡绿色（有机）苹果质量管理体系，实现了果品生产标准化，确保了产品质量。公司主要产品为“二仙坡”牌优质苹果，其果型端庄、色泽鲜艳、果面干净、含糖量高、酸甜可口、营养丰富，畅销全国20余个省份。果品经农业农村部郑州农产品质量检验测试中心和上海通标标准技术服务有限公司（SGS检测）等专业权威机构检测，203项农药和5项重金属均为“零残留”。2005年以来，连续被中国绿色食品协会审定为“绿色食品A级”产品；2006年，通过中国和欧盟“良好农业规范”（GAP）认证，获得出口欧美61个国家资格；2011年以来，连续经杭州万泰认证有限公司第三方检测并审定为“有机产品”。先后被河南省质量技术监督局评为河南省标准化农产品、河南省名牌产品，被河南省农业厅评为河南省名牌农产品，并多次在全国、国际农业博览会、农产品交易会上荣获“金奖”，被中国果品流通协会评为“中华名果”和“2016中国果业龙头企业百强品牌”。“二仙坡”商标被河南省工商行政管理局评为“河南省著名商标”，并被国家工商行政管理总局商标局审定为“中国驰名商标”。

4. 积极开展品牌战略，组建产品营销网络 在积极搞好品牌创建的基础上，通过印发宣传页、户外广告、专题片、媒体宣传等对公司的标准化生产技术和产品特性进行了广泛宣传，进一步扩大了公司的影响，辐射带动了周边果业的高效健康发展，促进了公司的果品销售。目前，公司已在郑州、重庆、洛阳、三门峡、义乌等大中城市建有果品直销专卖店10余个，在省内主要商超建有果品专卖柜，并积极利用“互联网+”销售，大力开展电商销售，组建了“二仙坡果品电子商务中心”，全面启动了电商销售工作。目前已建成淘宝店、天猫旗舰店、融E购电子商铺，同时还准备在京东、1号会员店平台、企汇网开通电子商铺，力争5年内电商销售额达到总销售额的30%以上。现已初步形成了以果品专卖店、商超专卖柜、电子商务为主的销售网络，果品销售至全国20余个省份，产销率为100%。同时，规划开展果品对外出口贸易。

二仙坡果品电子商务中心

5. **充分发挥资源优势，积极发展生态观光休闲农业** 在搞好果品生产经营的同时，充分发挥资源优势，着力发展生态观光休闲农业。二仙坡果品基地具有良好的自然生态环境条件，区位优势明显，有关“和合二仙”的优美传说和“二仙庙”遗址，具有深厚的传统文化底蕴。为了充分发挥二仙坡资源优势，近年来积极发展农业生态旅游，相继建成了二仙坡寺、观景台、苹果采摘园、苹果认养园、休闲度假小木屋、500亩紫花槐（香花槐）观赏林等一系列旅游设施，使二仙坡生态旅游初具人气，已初步建成了集生态旅游、果园观光、果园采摘、风味餐饮、高科技培训、休闲娱乐、富氧健身于一体的综合生态观光旅游休闲区，对促进周边人们的身心健康和经济社会和谐发展起到了积极作用，被认定为“河南省生态观光农业标准化示范区”。

二仙坡果品基地观景台

二仙坡果品采摘基地

6. 积极开展种养结合生态养殖　充分发挥果园食草资源丰富的优势，在果园内引进优质肉兔种兔 5 000 余只，积极开展林下生态养殖，年可出栏肉兔 10 万只以上。

苹果采摘

二仙坡旅游餐厅

7. 积极开展科技培训示范带动　为了充分发挥龙头企业的辐射带动作用，近年来公司充分利用自身的科技优势、基地设施优势等，通过大力开展科技培训、组织现场参观指导、提供果品储藏保鲜优惠服务等方式引导、带动三门峡地区及豫晋陕等地果农积极开展绿色、有机果品生产。公司拥有 5 000 余平方米的国家苹果产业技术体系三门峡培训中心，集培训、餐饮、住宿于一体，一次可容纳 300 余人参加培训、180 余人住宿、300 余人就餐，各类培训设施先进，食宿配套完善；组建由 15 名中高级专家及科技人员组成的培训团队，并聘请国家苹果产业技术体系岗位专家定期到公司组织讲座；近年来，公司已示范总结出一整套绿色有机果品生产技术操作规程及脱毒组培苗木生产技术，技术先进成熟，且在国内处领先地位，拥有在不同条件下开展绿色（有机）果品生产技术培训指导的设施、技术和实际操作经验，技术力量雄厚，培训指导经验丰富。近年来，每年组织开展以绿色（有机）果品生产技术为主的科技培训 50 余期，培训果农 10 000 余人次，印发各类技术资料 30 余万份，赴周边地区现场指导 130 余次，极大地提高了周边地区果农开展绿色有机果品生产的思想理念、管理技术水平及实际操作能力。

果品科技培训中心

四、利益联结机制

1. 推广复制二仙坡模式振兴果业行动计划　为了更好地促进陕州区苹果产业的高效健康发展，带动陕州区 26 万亩苹果产业向高产、优质、高效、安全方向发展，促进苹果产业的供给侧结构性改革，促进乡村振

二仙坡脱毒组培育苗现场

兴，该项目实施以来，在搞好项目建设的基础上，公司积极向陕州区政府建议，由三门峡二仙坡绿色果业有限公司为实施主体，在全区26万亩苹果基地大力复制推广以《二仙坡绿色、有机苹果标准化管理技术规程》为主要内容的规范化、标准化管理，在全区全面开展“推广复制二仙坡模式振兴果业行动计划”，通过实行统一技术培训指导、统一生产资料配送、统一生产管理标准、统一组织果品销售的“四统一”措施，力争2～3年使果园亩产优质果品达到6 000～8 000斤，每亩年纯收入达到10 000元以上，实现陕州区果品产业的全面升级，为乡村振兴战略作出积极贡献。2018年5月10日，陕州区政府隆重启动“推广复制二仙坡模式，振兴果业行动计划”，二仙坡公司积极响应政府号召，及时制订实施方案，组建培训团队，全面开展工作。目前已选定并培训技术骨干110名，达到每村1名技术骨干，并以村为单位集中培训和现场指导80余场次，培训果农5 300余户，免费印发技术资料10 000余份。签订《三门峡市陕州区推广复制“二仙坡模式”服务协议》2 100余份，确保对果农实行全程技术指导服务和资金服务。对贫困户和资金困难户购买生产资料有困难的，公司负责为其担保贷款，目前已累计为贫困（资金困难）果农担保贷款300余万元，统一组织供应有机生物肥5 000余吨，统一组织销售果品1 000余吨，取得了明显效果。目前已有10 000余亩果园严格按照“二仙坡模式”积极开展了果园规范化、标准化管理。据调查测算，亩纯收入增加5 000元以上，对促进农民增收、实现乡村振兴起到了明显的积极作用。

复制“二仙坡模式”现场指导

复制“二仙坡模式”技术服务现场会

2. **积极招收周边农民务工** 随着果品基地进一步扩大和规范化改造，年招收农民工增加至1 400余人，年可增加周边农民工资性收入800余万元，其中贫困户125人，已有104人通过在公司务工获得收入实现了脱贫。

3. **积极帮助周边果农的果品冷藏及销售** 公司建设有豫西地区最大的果品储藏保鲜库，是郑州商品交易所认定的河南省唯一苹果期货交割库，一次可储藏保鲜果品 2 万吨，年储藏周转果品 5 万吨以上。除自身果品储藏外，积极做好对周边果农果品的精选分级及冷藏保鲜服务，每年帮助周边果农储藏保鲜果品 5 000 余吨。并对达到苹果期货交割标准的苹果，组织统一收购。2018 年组织统一收购销售果品 1 000 余吨，每年可为周边果农实现果品增值 500 余万元。

二仙坡 2 万吨果品冷藏库

通过以上措施的实施，极大地促进了周边地区尤其是贫困地区的果品产业健康高效发展，有效提高了周边农民的经济收入，逐步实现了贫困地区的脱贫致富。2018 年 10 月，公司被中华全国工商业联合会、国务院扶贫开发领导小组办公室评为“全国‘万企帮万村’精准扶贫先进民营企业”。

五、主要成效

1. **经济效益** 多产业融合发展，进一步促进了公司的高效健康发展。2018 年公司营业收入达到 18 774.89 万元，净利润 3 559.09 万元。

2. **社会效益** 公司通过科技培训示范带动、招收农民务工、帮助果农冷藏销售果品等多种方式，年可为周边果农增加果品经济收入 6 000 余万元。

3. **生态效益** 一是大力开展土地整理“坡改梯”。果品基地已实行土地整理 21 000 余亩，进一步减少了水土径流，大大减少了水土流失，全国水土保持科技示范园现场会、河南省水利水保科技示范园建设会先后在二仙坡召开，并被水利部命名为“全国水土保持科技示范园”、被河南省水利厅评为“河南省水土保持先进典型”。二是积极开展经济林（苹果、核桃等）、生态林栽植。已因地制宜地栽植各类经济林、生态林 21 000 余亩，进一步提高了森林覆盖率，改善了当地生态环境。三是坚持绿色（有机）操作规程。在生产经营活动中，坚持绿色（有机）果品生产技术操作规程，通过全面增施有机生物肥，全面推广农业、物理、生物措施和有机、矿源农药相结合无害化综合防治病虫害，实行果园种草覆草等措施，进一步培肥了地力，降低了农药、化肥残留，减少了水土流失，杜绝了因生产经营活动对周边环境的影响，使生态环境得到了进一步改善，实现了经济效益和生态效益的双赢。

六、启示

1. 建设好绿色农业示范基地，是推动绿色农业发展的关键 要大力发展绿色农业，首先要建设好绿色农业示范基地。通过逐步研究探索，制定严格的绿色农业生产技术操作规程并严格执行，实行规范化、标准化管理，树立榜样和标杆，才能进一步推动绿色农业的大面积发展。

2. 树立绿色生产理念，做好全链条式服务，是带动农民发展绿色农业、实现增产增收的重要措施 要带动周边绿色农业的快速发展，务必加强对周边农民的培训指导，改变传统的生产理念，并同时做好技术指导、生产资料供应、生产管理标准落实、产品的收购销售服务等，才能加快绿色农业的发展，实现农民增产增收。

3. 多产业融合发展，是实现高效健康发展、带动乡村振兴的必由之路 在发展过程中，要注重因地制宜地延长完善产业链条，丰富产业范围，实现多产业的相互融合、相互促进，是实现高效健康发展、促进乡村振兴的必由之路。

广东河源：广东润生堂生物科技股份有限公司

导语： 2014年，中共中央政治局委员、时任广东省委书记、现国务院副总理胡春华来到了广东省河源市一家种植“铁皮石斛”的生态农业科技公司视察。在详细了解了公司“石斛农业产业”发展之路以及带动农民增收、改善当地农业产业业态的成果后，胡春华对公司取得的成绩给予充分肯定，勉励公司在推进农业转方式、调结构、促进农业增效和农民增收上不懈探索。

这家公司就是广东润生堂生物科技股份有限公司，以铁皮石斛的种植、加工、销售为主体，通过建设石斛生态种植基地、培育中医药产业特色品牌、打造中药生态科技产品研发和加工中心，吸引市场投资，带动农民参加致富，不断壮大企业规模，在当地政府的大力指导和支持下，走出了一条“公司＋基地＋农户＋市场”多方共赢的可持续发展经营模式。自2010年成立以来，公司在当地投资建设铁皮石斛生态种植基地3个，总占地面积3 000余亩，在当地创造就业岗位200多个，通过多种方式带动100余户农民增收致富，年产值达到4 000余万元。公司旨在形成以高品质南药种植为核心的特色产业，以三产联动的发展模式，带动当地产业发展、环境改善、农民增收致富，谱写了一首“种、产、带”三部曲的乡村振兴赞歌。

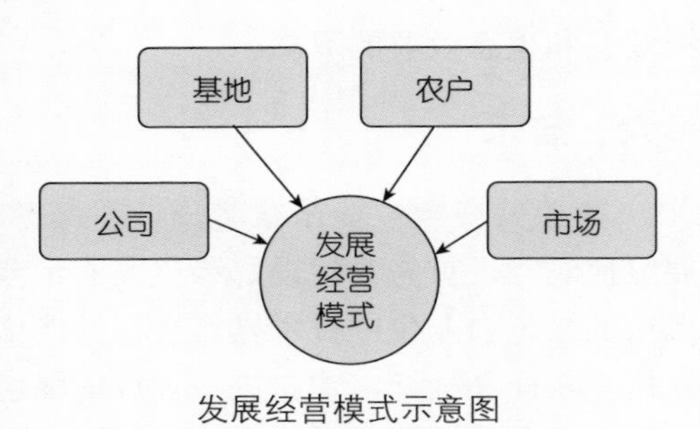

发展经营模式示意图

一、主体简介

广东润生堂生物科技股份有限公司，是广东省重点农业龙头企业，也是铁皮石斛国家有机种植示范基地，成立于2012年2月，注册资金3 600万元，专业从事以铁皮石斛为主的南方中药材的仿野生栽培、规模化种植，是一家集现代中药材研发、生产加工和营销于一体的现代高新技术农业企业。公司现有连平县田源镇田西村有机种植基地350亩、连平县隆街镇龙埔村仿野生种植基地2 000亩、灯塔盆地国家现代农业科技集成与创新示范基地600亩3个现代农业种植示范基地，2019年在连平县大湖镇翁潭水库再开辟建设15 000亩仿野生南药种植产业园。公司各基地内水、电、路等基础设施完善，办公楼等配套设施齐全。经过多年的不断发展，铁皮石斛年产量可达50多吨，年产值达4 000多万元，已成为连平县经营铁皮石斛规模最大的经济实体，开发的铁皮石斛种植基地是广东省规模最大的有机铁皮石斛种植基地。公司注册商标“恃斛春”，产品顺利通过了国家有机种植认证，先后荣获广东省重点农业龙头企业、广东省“菜篮子”基地、广东省名特优新产品、广东省名牌产品等一系列荣誉，实现了较好的经济效益以及示范带动效果，为推进地方农业发展作出了一定的贡献。

二、主要模式

1. 润生堂“种产带”模式概述　广东润生堂生物科技股份有限公司近年来不断探索农村产业发展新模式，在农村产业发展中摸索出了一条独特的润生“种产带”三部曲发展范式。通过“公司＋基地＋农户＋市场”的方式，走出了一条农业产业发展的新路子。

种，以石斛种植为主，响应“健康中国”的政策号召，依托连平县绿色生态资源优势以及灯塔盆地国家现代农业示范区政策扶持，以有机种植技术和仿野生种植技术为核心支撑，形成以铁皮石斛为主的南药特色产业。

产，则是融合一二三产业，是指因地制宜、尊重自然、结合广东北部生态发展区内的绿色资源，巧妙地将农业、生态工业和休闲旅游业融合发展，共生共荣，使产业结构布局进一步优化，创造出一种能代表河源特色的城乡统筹发展新形态。

带，则是实现了三个带动：一是带领中药产业向前发展，通过有机、仿野生种植的生产技术带领市场上高品质药材回归；通过三产融合的可持续发展模式形成示范效应，从而带领整个中医药大健康产业向前发展。二是带动技术水平不断提高，通过中药材品质的提高促进中医药产业科研水平的进步；通过搭建产学研一体化的区域整合平台，带动当地及周边中小企业的共同成长发展；通过药材质量标准的制定带领种植生产企业的技术进步。三是带领当地村民共同致富，通过吸纳就业、开办村民合作社、委托加工等方式带领当地村民脱贫致富、共奔小康；通过连平县乃至河源市的绿色健康资源及广东润生堂的中医药三产融合发展的核心优势塑造地区品牌，形成区域影响力，从而进一步带动乡村全面振兴。

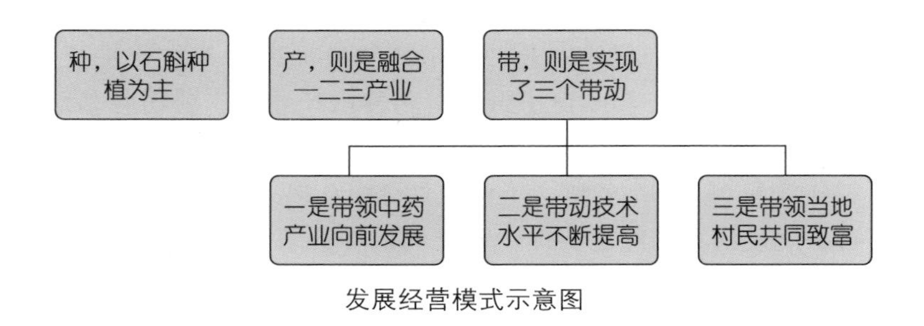

发展经营模式示意图

2. **润生堂发展策略**　广东润生堂生物科技股份有限公司，从一开始的石斛种植，到如今的三产融合发展模式，其核心理念一直都是“润泽万物，生生不息”，并“致力乡村振兴、带动群众增收致富”。成立初始，润生堂就瞄准了农业产业化发展这个拥有广大前景的发展目标。公司坐落于广东省河源市连平县，当地气候温和，四季分明；光照充足，适宜植物生长，有着悠久的石斛种植传统。石斛，益胃生津，滋阴清热，常用于阴伤津亏、口干烦渴、食少干呕、病后虚热、目暗不明，有着较高的药用价值。石斛的种类很多，市场上销售的大多数是质地不同的石斛，铁皮石斛是具有药用价值的石斛中质地较好的一种。在瞄准了铁皮石斛这种具有较高药用价值和市场前景的农业产品后，公司说干就干，一开始在当地流转土地350亩，建设了石斛有机种植基地，以此为肇始，润生堂的石斛产业越做越大，也吸引了当地群众的不断加入和政府的大力支持。通过吸引有经验的农户参与，再加上高度重视科技研发，积极开拓产品种类，瞄准养生市场需求，公司的规模越做越大。为使公司走上稳定的发展道路，公司坚持一个“石斛种植”核心，即以生态种植“基地”为依托，利用公司模式（开发产品、技术研发、组织销售），带动农户共同参与，对准市场需求，走出了“基地＋公司＋农户＋市场”的现代种养业典范。下一步，公司将继续以高品质种植为基础，发展高新创新农业、探索生态康养旅游，聚焦线上线下销售载体，不断内提品质、外拓边沿，在公司发展壮大的同时，为当地农业产业发展、农民增收致富作出更大贡献。

三、主要做法

在公司的发展壮大和带动群众致富中，公司坚持依托当地、独立自主、发动农户、加大研发、开拓市场等做法，将公司的发展与地方农业发展、农民致富紧密融合，取得了一定的发展成果。

1. **依托当地，不断深耕农业产业基地发展**　公司成立于连平县，是一家当地本土企业。连平，是广东省生态县，拥有“一流的环境，一流的森林，一流的水质”。正是因为有着得天独厚的优越的自然条件，才有了公司发展壮大的种植基础。当地虽有着良好的生态环境和自然环境气候，然而因为地处山地、交通不便、信息闭塞，地方农业发展并不迅速，农民收入较低。在瞄准石斛产业种植后，公司积极行动，与田源镇党委、政府联络沟通，取得了支持后，先行试点，选择了在田西村建设有机种植基地350亩。当地有着散户种植石斛的经验，却量小分散，虽然石斛品质较好，但没有形成规模。基地成立后，公司一方面招募科研专家，另一方面请教当地有经验的农民，并招募当地农户到基地打工种植。公司潜心研究种植技术，结合当地地理生态环境，一方面保证并改善提高品质，另一方面积极扩大产量。功夫不负有心人，在公司、基地、当地三方合力下，高品质铁皮石斛种植成功，产量也逐年攀升，在形成规模效应后，市场闻声而动，形成了市场需求引领基地供给的正面导向模式。公司抓住契机，继续潜心研究石斛种植技术，同时不断吸引招募地方农户参加。在发展壮大的过程中，公司始终坚持立足当地、根植当地，每到一个地方，都结合当地环境特色、产业特点、农民种植习惯，吸收当地农户参与，取得地方党委和政府支持，主打“基地”建设牌，严把品质关、深耕种植业，以地方农业产业基地的建设为根本基础，形成基地建设典范，进一步发展壮大。可以说，任何经营模式都有其根本和核心要素，依托当地耕耘“石斛生态种植基地”就是润生堂发展的基石。

2. 融合一二三产业，不断扩大产品内涵外延 以种植业为根本，提升产品品质。公司不仅仅局限于此，为了取得公司进一步长远发展，公司还立足一产种植业，开发二产石斛加工业，探索三产基地旅游业，丰富公司业态和产品，为公司发展壮大和带动增收不断提供更多、更好的基础及保障。一是在种植业上不断发力。在石斛种植中，一方面，不断研究改进技术，通过吸收传统种植经验，辅以高科技技术手段的方式，增加野生石斛的产量，仿野生石斛生长方式，在基地内开辟野生和大棚两种种植方式，将石斛种植品质保障和产量提升做到极致。另一方面，依托基地种植的先进技术和经验，发动当地农户的分散种植力量，通过“基地＋农户”方式，提供技术指导和种子，收购当地农户的散养石斛，将当地农民一起吸收到基地种植业态中来。二是在石斛加工业上不断发力。公司不满足于单一的石斛种植产品，还在石斛加工上不断发力，开发建设石斛深加工产业。通过“工厂＋农户”方式，探索石斛饮片、石斛西洋参颗粒、石斛化妆品、石斛微粉等十大类、几十种的深加工产品，先后开发了铁皮枫斗、休闲饮品、药用口服液、养生花茶、保健药酒。在公司的深加工中心，也吸引当地农民进入务工，农民转身变工人。三是在石斛旅游生态上做文章。公司现有3个石斛种植基地，都实现了“水、电、路、光纤”等基础设施的完善。目前，正在结合乡村旅游扶贫工作，开展“采摘+观光”的模式，在生态基地内，进一步配套建设旅游标识、农家乐住宿餐饮，依托当地优美的自然风光，结合石斛的高价值，拨开石斛的神秘面纱，吸引市场和顾客前来亲身体验采摘游玩观光。在基地内，也大量雇用当地农民从事旅游服务业，实现旅游业态发展与当地农村环境改善、农民致富发展的高度融合。

3. 汇聚多方合力，形成多方共赢的新盈利模式 在公司的日渐发展中，公司借助政府、市场、科研中心、当地大户及农民的力量，不断汇聚多方力量，形成利益联结纽带，共享石斛产业发展带来的好处，为乡村振兴作出了实质性的探索和贡献。公司取得当地政府的支持，与地方党委、政府共同合作，流转闲置土地，加大基地水、电、路基础设施投入开发。一方面贡献税收，另一方面为当地农村面貌改善、农村环境打造、农业产业化水平提升带来效果，政府也积极奔走呼吁，在土地流转、税收和基础设施建设上争取政策，提供优惠条件，实现了双方互惠共利。在市场产品投入上，公司源源不断地提供优质石斛产品，不断树立品牌意识，创立“恃斛春”石斛品牌标识，为丰富市场石斛产品种类、满足市场不同需求，特别是针对当下人民群众日益增长的养生需求作出了贡献。为提高石斛产品品质，让石斛这一有着“九大仙草之首”称号的中药材发挥其最大价值，公司与大学科研机构、市场相关科研中心紧密合作，投入研发费用，支持科研中心就如何提高品质、扩大产量、如何发挥石斛最大效用进行不懈的科学研究，也取得了一定成果，为科研中心技术储备、科研能力提升以及公司的产品质量规模形成都带来了较好的产出及成果。为了进一步增收带动当地群众致富，公司与当地农业种植大户和农民紧密合作，给大户提供技术指导和资金支持，欢迎大户共同参与到石斛种植业态中来，并联系销售渠道，让大户免除技术和销路的后顾之忧。在与农户的联系上，除了让农户进行散养、公司负责收购外，还让其参与到基地的务工中来，吸引农户参与到公司深加工、公司旅游业态打造中，让农户全方位地享受现代农业产业发展带来的好处和实惠。一方面通过种植增加收入，另一方面通过加入工厂和基地，收获经验技术，开阔视野，为新时期农民素质提升和身份转变提供了一份助力。大量农户的带动加入，也让公司与当地更加紧密融合，有了源头活水和活力，让公司依托当地发展、深耕当地产业有了厚实基础，实现了多方共赢。

四、利益联结机制

润生堂在发展中，通过 4 个方面的努力，带动了当地农民的增收致富。一是增加农民种植收入。在润生堂 3 个生态基地建设过程中，随着石斛产业规模的壮大、效益的提升，市场前景不断看好，订单量不断增多。润生堂各生态基地也与当地农民签订了种植收购和回购协议。当地农民接受润生堂石斛基地提供的样本和技术指导，在自家的山间地头进行“野生石斛”的培育种植，石斛长成后，由基地按照高于市场价的价格进行回购和收购。二是增加农民务工收入。生态基地的建设，石斛二产、三产的发展需要很多劳动力和正式工作人员。公司与当地政府沟通，大量雇用当地农民参与到基地的建设和发展中来。在日常基地建设中，先后提供了 5 000 余人次的短期建设岗位，在基地内，也提供了 200 余个长期就业岗位，有力地带动了当地农民增收。三是公司积极参与各种慈善慰问活动。公司积极参与当地各项慈善慰问活动，节假日慰问困难工作人员和当地困难群众。义务捐献资金和物品，改善当地困难群众日常生活。四是公司发展带动相关上下游产业发展，增加了当地群众的收入。石斛产业的发展带动了相关交通、门店、旅游以及当地种植大户，这些行业发展进一步提高了当地经济活力。

五、主要成效

公司发展以来，先后取得了较大的经济效益、社会效益和生态效益。经济方面，公司自成立以来，销售和盈利逐年增长，目前创造产值达 4 000 余万元，提供就业岗位 200 余个，带动相关种植专业合作社多个，先后带动 100 余户农民增收致富。社会方面，公司发展壮大了当地石斛传统产业，让当地作坊似生产、靠天收、小打小闹的石斛得到了进一步的发展提升，不断做大做强，提高了产量，提升了品质，石斛走进了千家万户，石斛成为当地增收致富的一个重要门路，石斛产业更是成为当地一张靓丽的名片。公司还加大了对传统石斛产业的研究升级，创造了石斛现代养生品牌。公司与诸多学校和科研院所建立了长期合作关系，将石斛与中草药产业深度融合，开发深度品牌，加工衍生产品，拓展销售渠道，将石斛产品销售至商超、门店、药店、网店等线上线下多个门类。公司以石斛产业为依托，开拓了上下游产业链，带动了一批关联产业的兴起和发展。特别是几个生态基地的建设，有力地改善了当地农业面貌，改善了当地农业产业环境，成为当地的农业示范园，吸引了当地和周边群众的效仿及加盟。公司石斛种植面积的不断扩大，也产生了很好的生态效益。通过仿生种植基地的建设，让西洋参、金银花、杭白菊、药用玫瑰等石斛配伍药材在当地种植量逐年提升，当地的“药”香渐郁、“药”味渐浓。以石斛中草药产业为核心，形成了郁郁葱葱的一片新“药谷”。石斛及中草药产业融合区成为当地生态种养的一个典范。

六、启示

回顾广东润生堂生物科技股份有限公司的发展之路，以石斛为媒，走石斛产业化发展之路，最终奏响了一曲当代乡村振兴的赞歌。

1. **瞄准种植产业，坚定不移精耕细作** 在农业产业化发展中，选择什么种植品类是首要大事。广东润生堂生物科技股份有限公司结合当地生态气候、自然环境特点、种植传统，选择了石斛这个有着较为广阔的市场前景、符合人民群众注重健康养生的农业种植品类，在石斛种植加工发展上狠下工夫，最终走出了一条农业产业化的成功之路。这其中，始终坚定不移地以石斛为主，秉承信念是公司发展壮大的重要原因。

2. **结合乡村振兴、坚持不断凝聚共识** 在公司的发展过程中、在石斛产业的做大做强中，公司始终不断地将自己的发展定位和目标，与地方政府的发展政策及愿景相融合。特别是当下，与乡村振兴的大环境、大背景相契合下，根植农村、深耕农村，依托当地农民群众，回馈当地农民群众，取得了不懈发展的源源动力和根基。

3. **始终融合发展，培植核心竞争力** 在深耕农业产业，以石斛种植业为根基的同时，公司积极重视新业态，培育新动能，以适应时代和市场的最新要求。积极打造了种、养、游、娱等业态，结合线上线下两种销售形式，不断做大做强品牌，保持了公司长久不衰的长足发展。

瞄准种植产业， 坚定不移精耕细作	结合乡村振兴、 坚持不断凝聚共识	始终融合发展， 培植核心竞争力

发展经营模式示意图

重庆永川：食用菌产业

导语：党的十九大报告提出，实施乡村振兴战略，“坚持农业农村优先发展”和“产业兴旺、生态宜居、乡风文明、治理有效、生活富裕”的总要求。这为农业农村改革发展指明了方向。乡村振兴，农民生活富裕是根本，而产业兴旺是乡村振兴的重点。没有兴旺的产业，农民就业增收就无保障，农村留人聚气将会很困难。如何拓宽农民增收渠道，提高农村民生保障水平，是乡村振兴战略中的重要发力点。为推进乡村振兴发展，促进产业兴旺，深化农业供给侧结构性改革，构建现代农业产业体系、生产体系、经营体系，永川区委、区政府积极响应国家政策，深入贯彻落实乡村振兴战略的总体构想，积极引导大型食用菌企业落户，建立并围绕地理标志证明商标“永川香珍”大力发展食用菌项目，目前已建成重庆最大的食用菌生产基地，为永川区经济发展作出了重大贡献。

一、主体简介

2012 年以来，永川区将食用菌产业列为农业主导产业加以培育。通过近年的努力，取得了较快的发展。到 2018 年食用菌年生产规模达 1.3 亿袋，总产量 6.5 万吨，总产值 7.5 亿元，食用菌生产呈现出产销两旺、快速发展的态势。永川区食用菌产业安置农民就业 2 000 余人，农民务工收入 5 000 余万元，永川已成为重庆最大的食用菌生产基地。目前食用菌种植规模占全市 70%左右，秀珍菇品种占重庆市场 90%的份额。产业呈现以下特点：一是食用菌工厂化生产初具规模。目前初步形成以大中型种植企业为主体的食用菌种工厂化栽培发展格局，全区已经建成标准化的生产企业 26 余家。二是食用菌生产主导品种基本形成。以生产秀珍菇、香菇、双孢菇、茶树菇为主，竹荪、猴头菇、木耳、平菇、金针菇、鸡腿菇、银耳、大球盖菇等品种为补充。三是已通过无公害、绿色、有机食用菌产品认证 20 余个。已申报成功“永川香珍”地理标志证明商标，永川香珍产品获得农业农村部名特优新农产品称号 1 个、重庆名牌农产品称号 4 个。四是食用菌生态循环链条已具雏形。全区推广稻-菌、菜-菌、林-菌、桑-菌、蘑菇-鱼等生态循环农业经营模式 0.5 万亩。五是完善了产业链条。建设了食用菌加工企业、废菌包生产有机肥企业各 1 家，建设了年产6 000万袋的食用菌菌袋制作企业1家。今后还将继续往原料供应、产品包装、食品加工、休闲体验等方面延伸。

二、主要模式

（一）发展思路

坚持政府引导、科技引领、市场化运作、产业化经营的发展理念，按照“1144”的发展思路，集中力量加快食用菌产业发展步伐。重点打造1个品牌（永川香珍），培育10家龙头企业，建设4个生产基地（菌种研发繁育基地、原料生产供应基地、工厂化生产基地、产品深加工基地），重点发展秀珍菇、香菇、茶树菇、双孢菇4个品种。

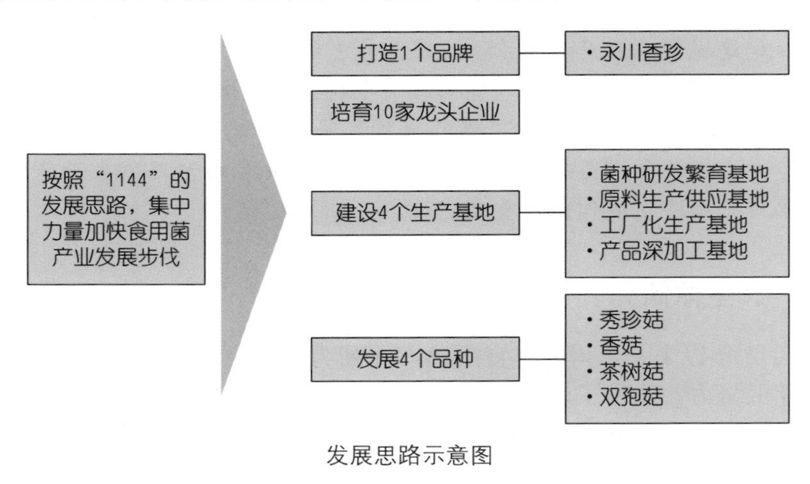

发展思路示意图

（二）发展模式

1. **“龙头企业＋家庭农场”种植模式** 为解决传统农户种植的技术瓶颈，永川区决定实行“龙头企业＋家庭农场”的发展模式来促进标准化栽培技术的推广。采取“三统一分”的经营机制，即“企业统一供种、统一技术、统一销售，家庭农场和大户分散管理”。该生产模式一方面解决了家庭农场技术水平不高的缺陷，增加了食用菌产业收入，带动了农户的种植积极性；另一方面为企业节省了用地、厂房建设等大量成本投入，极大地促进了永川区食用菌产业的快速发展。

2. **工厂化栽培模式** 工厂化栽培模式是近年发展起来的集工业、农业、科学于一体的生产经营模式。该模式针对食用菌的生产环境条件，运用当下先进的科学技术和工厂化集中生产管理的方式，不仅解决了食用菌季节性生产等限制因素，为食用菌提供了最佳的生长环境，实现周年化生产，也显著提高了食用菌的产量和质量。目前，永川区已经建成标准化生产企业 26 家，已成为全区食用菌产业的主力军。

三、主要做法

1. **狠抓规划制定，为食用菌产业发展明确了方向** 永川区在推进现代农业和市级农业园区建设中，不断摸索出了适合永川的一条发展道路。一是定位准确。在发展现代特色效益农业中，永川区委、区政府提出将食用菌产业作为永川农业的主导特色产业来抓，建设成为重庆市最大的食用菌生产基地。二是思路清晰。永川区制定了“1144”的发展思路，要重点打造 1 个品牌，即“永川香珍”；培育 10 家龙头企业；建设 4 个生产基地，包括菌种研发繁育基地、原料生产供应基地、工厂化生产基地、产品深加工基地；主推 4 个品种，近期将主要发展秀珍菇、香菇、茶树菇、双孢菇。三是目标可行。2020 年，全区食用菌种植规模达到 1.5 亿袋，总产量达到 8 万吨，总产值 10 亿元。因此，这几年来，永川区按照食用菌产业发展思路，脚踏实地，一步一个脚印推进了食用菌产业的快速发展。

2. **狠抓基地建设，为食用菌产业发展打下了基础** 为了加快食用菌产业的发展，狠抓了产业基地建设。一是扶持龙头建基地。重点在五间、何埂、仙龙等镇为主的圣水湖现代农业园区，引进和扶持龙头企业，发展工厂化种植和加工基地。重点扶持了以生产香菇、双孢菇、秀珍菇、茶树菇为主的 4 家龙头企业。通过龙头企业带动一大批小企业的发展。二是依托园区扩基地。主要依托市级、区级农业园区加快生产基地的拓展。提升以南大街、金龙、宝峰、大安、茶山竹海、板桥等镇街特色农业园区的食用菌产业基地，品种以平菇、金针菇、竹荪、猴头菇、黑木耳等为主。三是配套设施强基地。按照周年生产需要，建设设施配套、功能完备的工厂化标准厂房。目前，永川区已经建成标准化生产企业 26 家，其中，圣水湖现代农业园区 21 家。全区工厂化生产基地已达到 1 000 余亩，有温控厂房 150 亩、连栋大棚 300 余亩、钢架大棚 1 200 亩、冷藏库 1 万平方米、设施设备 500 台（套）。

3. **狠抓机制创新，为食用菌产业发展增强了活力** 在发展食用菌产业中，积极创新经营机制，培育壮大了新型经营主体。一是培育经营主体。目前，已引进培育食用菌龙头企业 26 家、食用菌合作组织 13 个，家庭农场、大户 107 户。并通过“龙头企业＋家庭农场”的模式，采取“三统一分”的经营机制，即“合作社统一供种、统一技术、统一销售，家庭农场和大户分散管理”，带动培育了 107 户家庭农场发展食用菌产业，种植食用菌 400 余万袋，每户年收入在 10 万元左右。二是整合涉农资金。

每年投入财政补助资金 1 000 万元、整合各类涉农资金 5 000 万元，用于食用菌栽培设施、设备建设和路系、水系、电力等基础设施建设。三是落实补助政策。为了鼓励食用菌产业发展，区政府制定了优惠扶持政策。从厂房建设、设备购置、品牌打造、主体培育等方面都给予了适度补助。

4. 狠抓产品质量，为食用菌产业发展树立了品牌 为了扩大食用菌的影响，树立食用菌产品形象，永川区从产业发展初期就注重了产品质量和品牌的打造。一是定标准。根据永川区食用菌产业发展实际，分别制定了香菇、秀珍菇、双孢菇工厂化生产的技术标准，香菇、双孢菇地栽生产的技术标准。二是严管理。食用菌生产企业按照生产流程进行生产，健全和完善了农产品质量安全“三项纪录”。积极建立食用菌质量安全可追溯体系，永川区农产品质量检测站定期或不定期开展产品检测，确保产品质量安全才能上市销售。三是树品牌。“永川香珍”通过了国家地理标志证明商标认证，永川区正在努力培育“永川香珍”区域公用品牌。统一了企业二维码防伪标识，统一了“永川香珍”产品周转箱及外包装，“永川香珍”在市场的形象正在树立，影响正在扩大。目前，已经通过无公害、绿色、有机食用菌产品认证 21 个，注册一般商标 20 余个，全国名特优新农产品 1 个、重庆市名牌农产品认证 5 个。

5. 狠抓延伸链条，为食用菌产业发展增添了后劲 为了延伸食用菌产业链条，永川区采取了从产业的中端着手，逐渐向前端和后端延伸。目前，已经开展了食用菌相连的几个产品生产。一是用好现有资源，解决了生产原料问题。永川现有较大规模的果园、茶园、林地等，除利用其修剪后的枝条和其他秸秆作为生产原料外，还积极探索实践了“食用菌＋观光体验”的发展模式，在黄瓜山、茶山竹海等镇街的果园、茶园、林地套种香菇、茶树菇、竹荪等食用菌 300 余亩。二是发展循环产业，解决了菌渣利用问题。推广了稻-菌、菜-菌、林-菌、桑-菌等生态循环农业经营模式 4 000 余亩，利用食用菌整选后剩余的废菇养殖生态鱼 1 000 余亩，并注册了“蘑菇鱼”品牌。利用废菌包 6 000 余吨，发酵还田改土 6 000 余亩，已有 3 000 余亩茶叶、水果基地，用废菌包改善土质。实现了整个食用菌生产过程无废物、无污染。今后，还将继续往原料供应、产品包装、食品加工、休闲体验等方面延伸。目前，正在建设菌渣有机肥生产、食用菌罐头生产等加工企业。三是整合销售渠道，解决了分散经营问题。针对产业规模做大后，成渝市场容量有限，市场竞争激烈，产品销售各自为政、相互杀价的乱象，永川区农委提出了“抱团发展，统一销售”的发展新思路，整合力量，组建统一销售团队，稳定成渝市场，拓展全国市场，有力地保证了广大业主的利益。

四、利益联结机制

永川区坚持把食用菌产业作为群众脱贫致富、实施乡村振兴战略的主导产业来抓，积极探索“龙头企业（合作社）＋基地＋农户”“公司（合作社）＋贫困户”等利益联结机制，出台奖补政策，加大资金投入，有力地促进了食用菌产业步入发展快车道，助推乡村振兴发展。

1. **联结农户发展机制**　针对普通食用菌种植户生产规模小、成本高、产品质量标准不统一的难题，永川区积极构建集约化、专业化、组织化、社会化相结合的新型农业经营体系，建立企业与农户联结机制，逐渐实现企业发展、农民致富的目标。积极探索“公司＋基地＋农户”的发展模式，发挥涉农企业及专业合作社的资金、技术、设备优势，通过流转土地让周边农户土地入股企业，同时签订利益联结合同，采取统一培训、提供菌袋、现场指导、统一销售的方式，提高农户种植水平，降低农户种植风险，形成“风险共担、利益共享”的利益共同体，有效解决食用菌“卖难”问题，促进了食用菌产业抱团发展。另外，注重培育企业与农户的诚信意识，规范自己的市场行为，树立法律观念，严格履行订单合同规定，信守承诺，保障农企双方形成长期稳定的利益联结关系，促进永川食用菌产业持续稳定有序发展。

2. **带动贫困户发展机制**　企业是现代农业建设的主力军，是贫困户对接市场的重要中介，是带动贫困群众发展产业实现脱贫致富的重要力量。永川食用菌龙头企业作为政府重点扶持单位，把贫困户精准受益作为产业扶贫的主要目标，健全了企业带动贫困户发展机制，让贫困群众分享企业发展红利。积极探索实践“公司（合作社）＋贫困户”的产业扶贫模式，鼓励支持有产业发展能力和意愿的贫困户与食用菌企业构建了利益联结机制，采取签订帮扶、就业、入股、代销等相关协议，让贫困人口获取生产经营、薪金、分红、就业等收益，带动了贫困户脱贫致富，努力实现企业和贫困户的双赢。今后，永川区还将鼓励支持社会组织、个人在贫困村建立食用菌生产企业或专业合作社，探索推行“企业或合作社＋互助资金＋贫困户”的合作模式，引导贫困户把互助资金、土地等作股投到企业或合作社实现利益分红，形成稳定的契约关系和利益联结机制。

五、主要成效

食用菌产业作为现代生态农业的有机组成部分，不仅能够有效地利用农业生产和产品加工过程中的副产品，变废为宝，增加经济效益，更不与农作物生产争地、争时，并能够吸收大量农村剩余或弱势劳动力就业，是集社会效益、经济效益和生态效益于一体的新兴特色产业。

1. 经济效益 由于食用菌是一类有机、营养、保健的绿色食品，发展食用菌产业符合人们消费增长和农业可持续发展的需要，是农民快速致富的有效途径，永川区2012年将其作为特色支柱产业发展。经过几年的努力，现已实现产业化、标准化生产，产品质量得到很大提高，生产呈现出产销两旺、快速发展的态势。2018年食用菌年生产规模达1.3亿袋，总产量6.5万吨，总产值7.5亿元。随着食用菌在人们膳食结构中的作用日益凸显，其消费需求量也不断增长。2020年，全区食用菌种植规模达到1.5亿袋，总产量达到8万吨，总产值10亿元。作为推动乡村振兴发展的重要特色产业，食用菌已成为永川区经济发展中最具活力的新兴产业之一。

2. 社会效益 特色支柱产业的培植发展有力地推进了永川区食用菌结构优化升级、基地快速膨胀、产业化和标准化水平迅速提升、产品市场竞争力显著增强。永川区食用菌产业通过“龙头企业＋家庭农场”的模式，已经带动培育了107户家庭农场发展食用菌产业，种植食用菌400余万袋，每户年收入10万元左右。全区食用菌产业安置农民就业2 000余人，农民务工收入5 000余万元，促进了农村社会稳定和经济发展。总之，食用菌产业对永川从业人员、脱贫人数、社会影响力都带动明显，成为全区农户致富奔小康和贫困人群脱贫攻坚的重要支柱产业，真正做到了产业旺、乡村兴，社会效益十分明显。

3. 生态效益 食用菌不仅能够消纳转化农林副产品为优质农产品，自身副产品——废菌包还能还田改良土质或作为生产有机肥的优质原料加以利用，属于生态循环农业的有效载体。永川区试验示范推广了稻-菌、菜-菌、林-菌、桑-菌等生态循环农业经营模式4 000余亩，利用食用菌整选后剩余的废菇养殖生态鱼1 000余亩，并注册了“蘑菇鱼”品牌。利用废菌包6 000余吨，发酵还田改土6 000余亩，已有3 000余亩茶叶、水果基地，用废菌包改善土质。实现了整个食用菌生产过程无废物、无污染。今后，还将继续往原料供应、产品包装、食品加工、休闲体验等方面延伸。目前，正在建设菌渣有机肥生产、食用菌罐头生产等加工企业。

六、启示

永川食用菌产业的发展只是重庆实施乡村振兴战略过程中成功的案例之一，具有一定的示范与带头作用，其成功经验带给人们更多的是启示与思考。

1. 必须实现土地集中规模经营 永川食用菌产业的成功离不开土地集中规模化经营。由于永川食用菌标准化生产企业大部分集中在圣水湖农业园区内的何埂镇狮子村，镇、村两级都高度重视食用菌产业发展，把它作为乡村振兴的特色支柱产业来抓。虽然目前全国上下已经形成了土地要集中流转、农业要规模经营的共识，但个别农户在土地流转方式上却有着严重的分歧。为了不影响产业发展进程，由镇政府牵头、村委会出面，多次开会动员群众，针对有意见的农户采取切实有效办法，以最短的时间将村民承包地集中收回来，按当地市场流转土地的行情确定每亩土地的流转费，一旦确定多年不变，每年支付给农户土地流转费。事实证明，采取土地集中规模化经营，是食用菌产业发展极为重要的平台。因为没有这个平台，企业就不能投资建厂房、引进设备、发展生产。

2. **必须精准选定产业发展方向**　永川食用菌的成功经验表明，因地制宜发展乡村特色产业是实现乡村地区产业兴旺的重要抓手。没有产业，何谈振兴。产业的选择就是在于8个字：因地制宜、比较优势。近年来随着人们生活水平逐步提高，追求绿色、生态、环保产品成为消费趋势，发展食用菌产业正逢其时。在永川区委、区政府的大力支持下，相关部门经过详细的市场调研，精准选定产业发展方向，把食用菌纳入永川特色支柱产业来发展。随着我国乡村振兴战略的实施，永川食用菌迎来了更加广阔的发展空间。由于我国地域辽阔，广大乡村地区发展的地域性、差异性明显，应科学识别不同乡村地区发展所面临的突出问题及短板，研制支撑乡村振兴发展的供给侧结构性改革方案，精准选定适宜当地发展的产业，而不能盲目跟风发展。

3. **必须重视农业产业品牌培育**　农产品品牌是衡量农业现代化和产业化发展水平的重要标志，是农产品进入市场的重要标签。全面实施品牌带动战略，发展品牌农业，是促进传统农业向现代农业转变的重要手段，是提升农产品质量和市场竞争力的迫切要求。永川充分认识实施品牌培育的重大意义和重要作用，高度重视“永川香珍”地理标志证明商标的申请和产品品牌的培育。目前，“永川香珍”通过了国家地理标志证明商标认证，正在努力培育区域公用品牌。当前，我国正处在新型农业现代化建设的关键时期，如何发展品牌农业、推进农业发展方式转变、适应农产品消费升级、提高农产品市场竞争力，已成为现代农业发展趋势，是农业发展方式转变之必然。

必须实现土地集中规模经营	必须精准选定产业发展方向	必须重视农业产业品牌培育

启示示意图

甘肃陇南：西和县兴隆镇中药材标准化种植

导语： 西和县位于甘肃省东南部，陇南市北端，地处长江流域嘉陵江水系西汉水上游。辖4乡16镇384个行政村、10个社区居委会，总人口44.2万人（农业人口39.5万人），总面积1 861平方公里（耕地面积60万亩）。境内地形地貌复杂，生态气候多样，中药材种植历史悠久，素有“千年药乡”和“中国半夏之乡”之美誉。受自然环境、地理位置等多种因素制约，西和县经济社会发展滞后，社会发育程度低，是全国189个、全省23个深度贫困县之一，也是甘肃2020年最后脱贫摘帽县的9个县（区）之一。2013年建档立卡时，有贫困村223个，贫困户3.51万户、贫困人口15.38万人，贫困发生率39.52%。经过近几年不懈努力，截至2018年底，全县累计退出贫困村76个、实现减贫2.5万户、11.65万人，剩余贫困村147个、贫困户11 194户、贫困人口44 865人，贫困发生率下降至11.7%。

近年来，西和县认真贯彻落实中央和省市决策部署，坚持把产业扶贫作为脱贫攻坚的根本出路，积极构建“以半夏为主的中药材，以花椒、八盘梨为主的经济林果，以散养鸡为主的养殖业”三大特色产业，逐步夯实贫困群众稳定脱贫基础。2019年，在全力推进贫困户到户产业发展的基础上，按照因地制宜、长短结合、集中连片、整区域推进的原则，通过产业奖补的方式，鼓励和引导合作社规模化发展产业，全县流转土地17.2万亩，创建产业扶贫示范点247个，其中，千亩以上种植业示范点21个、500亩以上种植业示范点20个、规模化养殖示范点24个，农业特色产业有了突破性的发展。兴隆镇王家梁5 000亩中药材标准化种植示范基地是西和县产业扶贫示范点之一。

一、主体简介

兴隆镇王家梁中药材标准化种植基地位于西和县城东北部，该基地由甘肃省农业农村厅指导，西和县委、县政府承建，宏盛种养专业合作社牵头，联合10家合作社和40家种植大户抱团组建而成。该基地集中统一流转兴隆、稍峪2个乡镇6个村土地5 300亩，其中，半夏2 500亩，黄芪、款冬、柴胡、党参等其他中药材2 800亩。西和县宏盛种养专业合作社成立于2011年10月，现有成员5人、员工52人，其中农业技术人员5人、财务人员3人。主要从事中药材种植、加工、销售，合作社积极开拓市场，打造“乞巧”商标品牌。立足实际，以推进农业供给侧结构性改革为主线，以提升农业效益和增加农民收入为目标，采取“基地＋农户”的经营模式，按照“长中短结合、多元化发展”思路，培育富民产业，发展中药材示范基地建设，夯实贫困群众稳定增收基础，通过产业奖补、代种代养、代购代管等方式，采取统一流转土地、吸纳贫困户入社务工、配股分红等形式规模化发展产业，不断扩大生产经营规模，壮大合作社自身实力，提高抵御生产经营风险的能力，产业发展呈现新的发展态势。

二、主要模式

1. 模式概况　该基地多措并举带贫，实现贫困户增收和合作社发展的双赢目标，总投资在6 100万元以上，预计实现收入突破1.1亿元，预计利润在5 000万元左右。同时，在生产过程中，主要通过4种途径为当地群众增加收入。一是土地租金收入。通过流转土地，为643户土地流转农户亩均增加200元收入，土地流转费用达140万元。二是配股分红收入。该基地10家合作社采取配股带贫方式吸纳571户贫困户入股合作社，采取“保底＋年终分红”方式，户均增加收入800元以上。三是“代种代养”收入。为126户贫困户代种中药材680余亩，贫困户年底得到“保底＋效益”分红，并在保底8%分红的基础上，在效益好的情况下增加二次分红，增加贫困户收入。四是务工收入。宏盛种养合作社长期吸纳贫困户入社务工24人，其中贫困户18人，人均月稳定增收1 200多元。经测算，在整个生产管理过程中，用工近18万个，按每人每天80元计算，可实现务工收入1 440万元，让贫困群众在家门口实现增收。

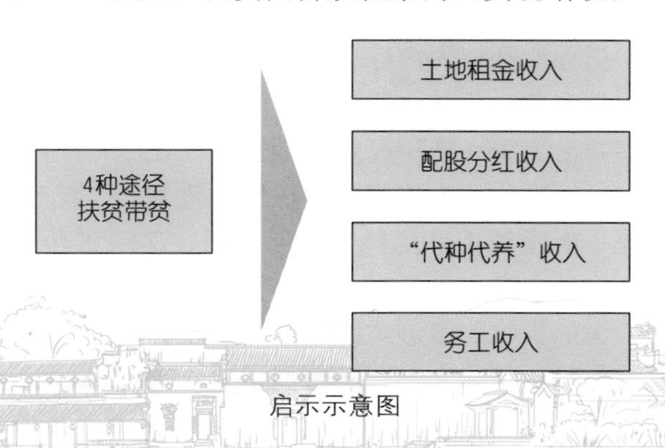

启示示意图

2. 主要做法

（1）强化政策支撑，构建产业扶持保障体系。严格贯彻省、市产业扶持政策，按照“独一份、特别特、好中优、错峰头”和“长中短结合、多元化发展”的产业发展思路，立足自然资源禀赋，精准谋划扶贫产业，充分结合西和县实际，制定了“1+5”产业发展体系（“1”即出台《西和县2019年产业扶贫实施意见》；“5”即制定实施《西和县农业产业脱贫“双扶双带”奖补办法》《西和县新型农业经营主体产业规模化发展奖补办法》《西和县农民专业合作社（龙头企业）带贫入股实施方案》《西和县2018—2020年农业保险助推脱贫攻坚实施细则》《西和县到户产业扶贫资金投放管理办法》），为全县发展中药材产业提供政策依据和政策保障。

（2）科学合理规划，完善产业发展布局。按照因地制宜、长短结合、集中连片、整区域推进的发展思路，开辟西和县中药材产业集中发展、示范带动、规模发展的新路子，形成点、园、带相互支撑，融合发展的新格局。通过选择有发展能力的合作社抱团发展，采取对规模化流转土地、代种代养、代购代管等实施产业奖补的方式，快速推进中药材产业基地的建设。截至目前，鼓励和引导新型农业经营主体发展规模中药材产业基地24个，其中建设千亩以上中药材标准化基地8个、500亩以上中药材标准化基地16个。

（3）推行“五统一”模式，实现基地标准化、规模化建设。紧紧围绕“建基地、扩市场、创品牌、增效益”的总体思路，坚持以市场需求为导向，以产业基地为支撑，以带领贫困群众增收脱贫为目标，大力发展中药材产业基地建设，在具体措施上，推行“五统一”模式。统一流转土地。通过统一流转土地，合作社和种植大户发展中药材产业，实现种植规模化、经营集约化，解决了土地撂荒问题，优化了土地资源配置。统一种植标准。在种植季节对种子种苗品种、有机肥及化肥选用、土壤及种子种苗处理、农机深松耕作进行现场全程指导，确保种植标准的统一。统一田间管理。通过统一指导使种植农户综合运用土壤深耕、有机肥替代化肥、生物源农药代替化学农药、化学物质消毒、暴晒消毒等方法对基地土壤进行消毒，在病虫害防治上统一施用高效低毒农药。在肥料施用上提高有机肥使用量，统一进行标准化配方施肥，实现标准化生产。统一组织销售。基地中药材产品统一由西和县半夏科技有限公司、广鸿中药材专业合作社、恒力半夏专业合作社、鑫宇半夏专业合作社等县内中药材营销合作社统一采取订单收购、保护价收购等形式统一组织销售。统一购买农业保险。该基地由中华联合保险公司和人寿财险公司承保，为基地种植的中药材统一购买了农业保险。

（4）推广全程机械化作业，享受深耕作业补贴。围绕示范基地建设，鼓励和引导合作社或种植大户购置整地、播种、除草、采收等农机具，全程进行机械化作业，提高劳动生产率，降低生产经营成本，对基地实施机械化作业的合作社，采取“先作业后补贴”的方式，享受深松耕机械化作业补贴政策，每亩享受国家补贴20元，提高群众种植中药材的积极性。

（5）采取多措并举带贫，拓宽群众增收渠道。以“三变”改革为契机，积极探索带贫模式，通过政府配股、农户入股、土地流转、社内务工等方式，合作社（龙头企业）既解决了资金、资源、劳动力短缺的发展难题，贫困户又实现了家门口就近就业和多重收入，实现了合作社（龙头企业）与贫困户“双赢”。在发展中药材产业基地的同时，探索出了3种带贫模式（“合作社＋产业配股＋贫困户”“合作社＋土地流转＋贫困户”“合作社＋就近务工＋贫困户”），为贫困户增收拓宽渠道。

（6）农业保险托底，防范化解风险。采取负赢不负亏形式，按照半夏单位保费350元/亩（其中，建档立卡贫困户自缴35元/亩，非建档立卡贫困户自缴70元/亩，最高保额7 000元/亩），其他中药材保费100元/亩（其中，建档立卡贫困户自缴10元/亩，非建档立卡贫困户自缴20元/亩，最高保额2 000元/亩），其余保费由县财政补贴，2019年中华联合保险公司和人寿财险公司对西和县中药材进行承保，实现签单保费90.3万元，提供风险保障金2 310万元，有效降低了合作社因自然灾害和市场价格波动风险造成的损失，激发了合作社及种养大户发展产业的积极性，助推全县中药材产业的快速发展。

三、利益联结机制

2019年，在全力推进贫困户到户产业发展的基础上，把中药材产业作为加快脱贫攻坚的优势产业和支柱产业来抓，坚持以市场为导向，以“扩基地促规模、提质量促增效、抓龙头促带动、树品牌促营销”为抓手，按照因地制宜、长短结合、集中连片、整区域推进的原则，通过产业奖补的方式，鼓励和引导合作社规模化发展中药材产业，西和县形成了以半夏为主导，带动其他特色优势中药材产业全面发展的新态势，全县中药材产业快速增长。2019年全县种植各类中药材14.2万亩，其中，半夏2.28万亩，其他大宗药材11.92万亩（黄芪1.5万亩，党参1.6万亩，柴胡1.7万亩，黄芩1.1万亩，板蓝根0.8万亩，连翘1.1万亩，款冬2.2万亩，其他1.92万亩），中药材年产量达到4.6万吨，总产值约10.5亿元。其中，半夏年产量约0.8万吨，产值8亿元；其他大宗药材约3.8万吨，产值2.5亿元。兴隆镇王家梁5 000亩中药材标准化示范基地，通过土地流转、入社务工、保底分红的形式，可带动贫困户一年增收 8 000 余元。据测算，每亩半夏亩产 400 千克，按市场价每千克 90 元，亩产值 3.6 万元，除去种子、肥料、人工等费用，纯利润每亩 1.3 万元；其他中药材亩均纯利润 1 500 元。全县种植中药材合作社数量达到 512 家，其中半夏合作社数量 161 家，中药材产业日益成为农民脱贫增收致富的重要渠道。

四、主要成效

1. 经济效益　该基地涉及种植品种多，分布较广，受管理水平、种植区域、气候条件等因素影响，各品种均存在产量差异、质量差异、价格差异，且各品种达产年份不一，加之近两年药材价格走势波动大，因此经济效益计算较为复杂。2019 年种植半夏 2 500 亩，每亩成本 2.3 万元，亩产干药材 400 千克，每千克按市场价 90 元计算，每亩收入 3.6 万元，减去成本，净利润 1.3 万元，2 500 亩半夏产值 0.9 亿元；其他中药材 2 800 亩，每亩成本平均按 1 500 元，每亩收入 3 000 元，减去成本，净利润 1 500 元，2 800 亩中药材产值 0.084 亿元。5 300 亩以半夏为主的道地中药材种植基地年总产值为 0.984 亿元，经济效益显著。

2. 社会效益　中药材产业是发挥资源优势、促进群众脱贫致富的重要产业，西和县中药材资源丰富，种植具有广泛的适宜性，大力发展中药材产业化种植，对发展地方经济、促进全县农业经济结构调整、带领农民脱贫致富具有重要意义。通过建立“合作社＋农户＋基地”的带贫机制，由合作社流转农户的土地，建设道地中药材种植基地，农户通过土地流转收入、在合作社的务工收入等增加人均纯收入，可辐射带动 223 个贫困村农户脱贫致富。同时，发展中药材产业可为社会提供大量的就业机会，有利于安置社会闲散人员和农村劳动力，解决一大批人员的就业问题，缓解社会就业压力，有效解决民生问题。通过中药材产业化技术培训，可大大提高广大药农的科技素质和生产技能，对保障稳定脱贫、推进“三农”问题解决和社会主义新农村建设具有十分重要的作用。同时，还将为包装业、运输业、广告业以及其他相关产业的发展创造更多、更好的机会和条件，促进西和县经济社会的可持续发展。

3. 生态效益　西和县是传统农业大县，也是甘肃省 23 个国家级深度贫困县之一。2013 年建档立卡时，有贫困村 223 个，贫困发生率 39.52%。经过近几年不懈努力，截至 2018 年底，全县累计退出贫困村 76 个，剩余贫困村 147 个，贫困发生率下降至 11.7%。贫困面广，贫困程度深，土地贫瘠，荒山荒坡较多，农民开垦种植普通农作物，不仅难以取得较好的收成，甚至可能造成大量水土流失。而中药材是西和县脱贫攻坚的优势产业，许多药材品种对土壤的要求不高，既适宜于在荒山荒坡种植，也可林下种植，不占用耕地，很多品种对水土保持、绿化环境与生态重建均有较好作用。同时，组织种植农户统一开展技术培训，倡导科学合理使用肥料、农药，在道地药材种植过程中按照道地药材的要求，应用高效无公害生产技术，有助于从根本上解决农业生产中大量施用化肥对农田土壤造成不良影响等重大问题，保障道地药材优良品质，减少农药对土壤、环境和人体健康的影响，生态效益十分显著。

五、启示

西和县中药材种植已有2 000多年的历史，野生药材达358种、568味，传统栽培的品种有半夏、当归、党参、大黄、黄芪、黄芩、贝母、款冬、淫羊藿、猪苓等20余种。尤以半夏久负盛名，所产半夏颗形好、颜色白、质坚实、粉性足，年产量占全国总量的70%以上。依托“中国半夏之乡”的品牌优势，成功申报了半夏原产地地理标志认证（原产地保护），注册了“安峪”“利渊”“菜花山”等乞巧牌半夏系列商标，全县以半夏为主的中药材产业品牌效应得到大力提升。近年来，县委、县政府高度重视中药材的发展，把中药材产业作为加快脱贫攻坚的优势产业和支柱产业来抓，中药材快速发展，由2018年的8万亩增加到2019年的14.2万亩，但销售成为当前的主要问题，希望省、市相关部门及时出台惠农政策给予扶持。通过组织参加省内外药博会、交易会、展销会、博览会等活动和充分利用网络平台，打造线上销售新模式，拓宽销售渠道。

第二章　养殖案例

江苏如皋：江苏弘玖水产有限公司

导语：产业兴旺是乡村振兴的基础。习近平总书记强调，要推动乡村产业振兴，必须紧紧围绕发展现代农业，围绕农村一二三产业融合发展，构建乡村产业体系，实现产业兴旺。位于江苏省如皋市城北街道的江苏弘玖水产有限公司就是一个以产业助推乡村振兴，实现农业生态绿色、可持续、高质量发展的典型案例。该公司是由范氏三兄弟经过10多年打拼创立起来的。多年来，公司坚持“专注一条小黑鱼、打造一个大产业”的战略方针，运用资源整合、资产运营，并融入创新元素和理念。目前，已从创业之初只拥有十几户养殖户的“范氏生态水产专业合作社”发展为一个现代化集团公司，拥有苗种繁育、饲料生产、生态养殖、食品加工、物流配送、市场贸易在内的六大业务板块。各个板块上下联动、产业协调、生态发展，探索出了一条一二三产业融合的“黑鱼产业链闭环”创新发展之路，成为乡村振兴、富民增收的新路径，在当地取得了良好的经济效益和社会效益。

一、主体简介

江苏弘玖水产有限公司创建于2009年，位于世界长寿养生福地、江苏历史文化名城——如皋市，是一家专业从事黑鱼苗种繁育、养殖、深加工、贸易的综合性水产运营商。公司先后被评为南通市农业产业化龙头企业、南通市重合同守信用企业，产品获得无公害农产品认证。

近年来，公司不断优化发展战略，创新产业模式，坚持走“全产业链”发展之路，实现一二三产业深度融合，一条“小”黑鱼做成了一个大产业。目前，公司现有标准化养殖园区近 2 000 亩（其中在如皋市内 1 000 多亩），物流场 3 000 平方米，年产 3 万吨黑鱼专用饲料生产线 1 条，年产 5 000 吨鱼片加工厂 1 个，总资产达 1.15 亿元，固定资产 8 500 万元。现已成为一家集黑鱼繁育、养殖、深加工、渔需配供、水产品贸易于一体的水产综合型行业龙头企业。

二、主要模式

1. 构建了“公司＋基地＋银行（供给贷）＋农户”的产业共体生态链

2. 完全“闭环”的全产业链模式　截至目前，已经完成了从苗种繁殖、培育、成鱼养殖的全程黑鱼养殖产业园区建设和产前的苗种、饲料配供；产中的技术服务、金融担保服务；产后的产品销售服务、活鱼深加工以及与国内知名品牌餐饮集团联手的生鲜配送连锁服务，实现了“闭环”的产业链，从而拥有了国内唯一的从“塘口”→“舌尖”的黑鱼全产业链体系，探索了一条一二三产业融合发展的创新之路。

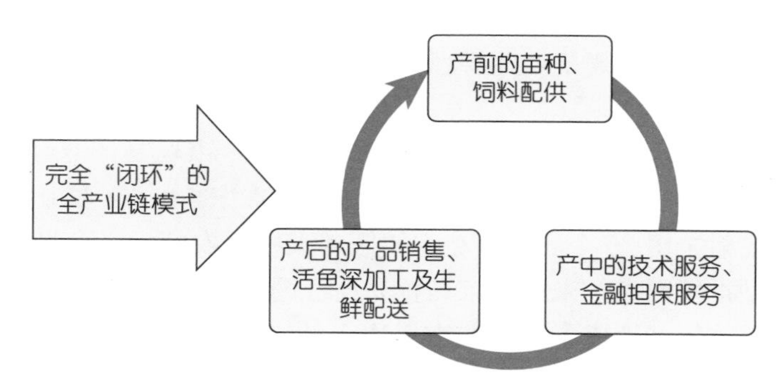

完全“闭环”的全产业链模式示意图

3. “兜底”式产业“共体”运行模式　公司运用生态共生思维，充分利用公司的优势，搭建了黑鱼产业资源要素共享平台。公司建基地筑巢引凤，农户进园区承包养殖，企业充当养殖户的渔需配供公司、生产技术服务公司、产品销售服务公司、金融服务公司、养殖保险公司（“五大职能”），全力打造了现代化的黑鱼养殖示范园区。

“兜底”式产业“共体”运行模式

公司运用生态共生思维，充分利用公司的优势，搭建了黑鱼产业资源要素共享平台

“兜底”式产业“共体”运行模式示意图

4. **“OTO”产业物流供给模式** 黑鱼养殖生产的要素除水面载体外，主要是苗种、饲料。公司自建饲料厂，自主生产饲料；在广东中山、江苏如皋经济技术开发区分别建有苗种繁育基地，自繁自育苗种。采取养殖苗种、饲料无中间环节直供养殖户，达到最优化保障优质苗种和饲料供应，最大化保护园区养殖户的利益和养殖效益。

“OTO”产业物流供给模式示意图

三、发展策略

公司秉承“广施与众、布德天下”企业精神，以产业助推贸易，以贸易奠定产业，将黑鱼产业链进一步增粗加长，放大营销网络，提速园区建设，突破精深加工，规范企业管理，实现量质同步提升，争当黑鱼行业的先行者。

1. **巩固扩大营销网络，不断开拓市场空间** 市场是产业经济的生命线。目前，公司黑鱼产品已经销售到长三角、珠三角的30多个大中城市，销售触角辐射全国25个省份。在主销区各大中型农贸批发市场建立了40多个大中型批发网点。采取以市场贸易经济倒逼产品经济的逆向产业发展思维，黑鱼养殖基地成了“睡在市场边上的园区”。公司生产的鱼片与国内十大餐饮连锁集团达成了合作意向，与4家连锁集团签订了合作协议，酸菜鱼片进入了“寻常百姓家”和工薪阶层的“快餐盒”。目前，黑鱼年交易量达2.5万多吨，实现交易额5亿多元。黑鱼深加工产品销售量达2 100吨，销售收入1.15亿元。

未来10年，公司将利用现有黑鱼有效网络基础，进一步扩张市场，新增销售网点150个左右，网络辐射覆盖全国85%以上，达到或超过200个城市农贸市场，鲜活鱼年成交量达到20万吨，年销售额突破50亿元。加工鱼片的销售与全国大中型餐饮连锁合作的企业数量达到20个左右，销售终端餐饮连锁店达到5 000家。实现加工品销售收入达到15亿元以上。

2. **聚焦“模式”复制效应，不断扩张标准化养殖园区** 养殖是公司发展之本、动力之源。公司紧扣“高产、优质、高效、安全、生态”的现代渔业发展要求，按照“高点定位、科学规划、合理布局、以点带面”的

市场交易

思路，以“三定”模式标准化黑鱼养殖基地建设为抓手，整合资源、不断拓展，通过“筑巢引凤”或“赶鸡入笼”打造了一批标准化养殖示范园区，让更多的农民养殖户入园养殖，实现了较好的经济效益。

另外，不断升级改造园区基础设施。由于公司繁育的黑鱼品种特性，在目前自然条件下，只能实现季节性养殖。于是，公司通过不断地摸索和研究，探索出了控温生态养殖模式。在过去的园区建设上，公司全面实施了基地设施升级改造工程，搭建控温大棚，实现全年无季节性均衡养殖生产。从而更有利于保证黑鱼上市价格的稳定性，更能确保养殖承包户收益的最大化。

3. **突出精深加工，不断开发新产品**　黑鱼深加工不仅是产业发展的新潜能，而且是整个黑鱼产业发展的引领和牵引力量，是提升黑鱼价值链、延长产业链的主要领域，更是一二三产业融合发展的关键环节。在过去的几年里，公司依托良好的产业营销优势、技术优势、品牌优势，创新水产品加工工艺，并结合食品营养、生物工程等前沿技术，成功开发出了黑鱼速冻鱼片、鱼丸等“水之梦”系列产品。产品一进入市场，就得到了广大消费者青睐，产品供不应求。

未来，公司将加大科技研发，在现有加工产品的基础上继续改进工艺、深挖潜力，实现由“初级”向“精深”的华丽蜕变，从而促进产品更加系列化、营养化、方便化、品牌化、健康化，满足老百姓日益增长的消费需求。同时，公司将进一步加强与江南大学、上海海洋大学等高等院校深度合作，研究开发先进的生产加工设备，推广先进技术和加工工艺，从而促进产业加工向智能化、高端化发展，不断提升黑鱼产品加工产业技术水平。

4. **广辟资本源，不断实现产业资本良性集聚** 资本是企业的“血液”，也是产业发展的“新能源”。在发展过程中，公司不断加大利用“企外”资金力度，重点是有选择性地吸纳、运用社会各类资本，连本带人，投入产业中来，实行共体共赢。同时，加强与政府财政、金融企业、各类财团的合作，设法融通各方面的资本。在标准化养殖园区基础设施建设、加工生产设施设备改造升级扩容建设、饲料增量生产线建设等固定生产设施以及科研设施等方面进一步加大投入力度，助推产业快速发展。

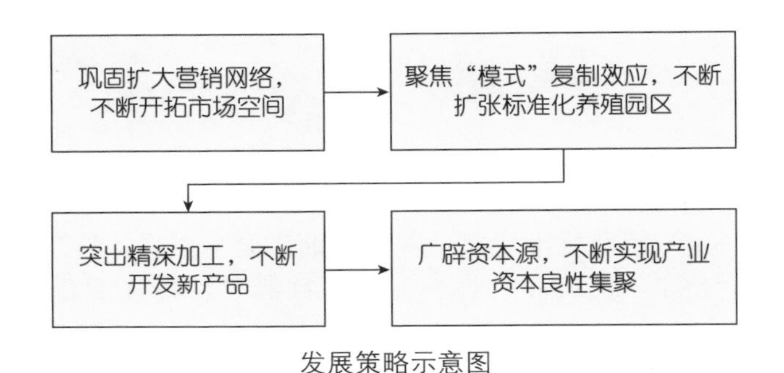

发展策略示意图

四、主要做法

1. **推进绿色发展** 公司坚持“绿色发展、低碳循环”的发展理念，养殖园区全面实行了标准化建设和标准化生产与管理，实现了绿色循环低

池塘喂养

碳发展。一方面，在园区建设方面，积极推行养殖池塘生态化改造，尤其是率先推广了“淡水池塘养殖尾水生态化综合处理技术”（农业农村部2019年农业主推技术之一），保障了养殖尾水循环利用及处理达标排放。另一方面，在生产与管理方面，实行“五统一”：统一技术标准，统一供种供种、供料，统一渔药使用，统一产品销售，统一质量标准，保障了养殖水产品质量安全、可追溯，最大限度地缩小了产业的“负面清单”，让百姓吃得舒心，让政府管得放心！

养殖基地

2. **规范公司管理**　管理是企业生存发展的基础和保证。公司近几年将花大力气，在原有家族式管理的基础上，除弊扫阻，通过引进高端管理专业人才和培训提升，快速提升管理水平。在生产管理、财务管理、营销管理、安全管理、质量管理、企业文化管理等环节建立健全一系列管理制度，运用现代企业管理模式和标准规范企业管理，使企业管理实现质的飞跃。

3. **注重科技与人才投入**　科技、人才是企业的生命力和力量源。公司近几年的快速发展一是得益于有力的科技支撑。饲料生产与广东省农业科学院合作，饲料的主要生产技术指标和养殖应用技术参数均在业内领先；苗种选育和繁殖与广东水产研究所、江苏省淡水水产研究所等合作，鱼片加工与江南大学合作。二是引进了一批技术管理人才。其中，博士生2名、研究生4名、高级工程师3名、会计师4名、企业经理4名、技工16名。三是推广应用了国内行业新技术5项。其中，珠三角、长三角互动，利用气候温差开发集成的广东繁苗、如皋育种、养成技术全国领先。

未来，公司将继续依靠技术和人才快速推进黑鱼产业高质量发展。一方面，进一步加大招才引智力度，重点引进高端管理和专业技术复合型人才，组成强有力的管理技术团队；另一方面，进一步加强与相关科研院所、知名大学的深度合作，共同研发新产品、研究新技术、建立学研培训基地、工作站等。

五、利益联结机制

1. 公司打造标准化养殖园区，老百姓承包养殖 公司根据现代化养殖园区建设标准投资打造黑鱼养殖示范基地，老百姓按需承包养殖。公司与老百姓签订养殖承包合同，实行“五统一”（统一提供黑鱼苗种供应、统一提供饲料供应、统一提供渔药供应、统一提供技术服务、统一提供市场销售）。

2. 公司提供银行贷款担保，助推产业发展 公司与如皋农村商业银行、广州银行合作开发了“农业供应链贷”新金融产品——银行授信、企业担保、养殖户借贷核算。公司与银行签订战略合作协议，银行根据养殖规模统一授信，承包养殖户与银行签订贷款合同（养殖户自带30%资金，其余70%通过银行贷款）。2018年，入园养殖户平均亩纯收入1.5万元左右。真正实现了政府搭台、公司唱戏、银行助推、农户发财，同生同发、共享共赢，政府、企业、银行、百姓“四得利”。

3. 公司实行兜底保证，确保老百姓收益 由于公司“全产业链”基础架构的建成和模式创新，造就了特定的产业基础优势，实行保护价收购，从而确保养殖户无风险生产经营。

最终形成了“六不愁”的“傻子养鱼法”：不愁没钱养，不愁不会养，不愁没苗种，不愁没饲料，不愁卖不出，不愁亏血本。

公司打造标准化养殖园区，老百姓承包养殖

公司提供银行贷款担保，助推产业发展

公司实行兜底保证，确保老百姓收益

利益联结机制示意图

六、主要成效

1. 经济效益 该产业经济优势凸显。一是在产业链物流营销环节大幅度降低了运输成本和损耗，提高了产品的市场价格竞争优势；二是

“OTO”渔需供给模式，减少物流供应的2～3个中间环节，大大降低了物流成本，提高了企业及养殖户的双重经济效益；三是规模化生产和园区的统一管理，降低了人力和物力消耗等。所以，产业经济优势凸显。

2. **社会效益** 公司建设养殖基地，引导农民入园，进行无风险养殖经营，带动农民致富，打造了具有区域特色的品牌，为振兴乡村起到了表率示范作用。同时，公司已在如皋启动“一镇一园”“百户千亩千人”计划，在各个镇（区、街道）分区布点分步实施，力争建成10个规模黑鱼养殖园区，推进产业规模化发展，迅速做大做强“如皋黑鱼”产业。同时，大力复制和推广公司的产业共体生态运营模式，让更多的老百姓参与进来，带动他们实现共同致富。采取每百亩8～10户农户承包养殖的标配，可带动农户300～400户，吸纳就业农民1 000人以上，农民可新增收入1亿元以上。

3. **生态效益** 公司通过标准化养殖基地的建设，推动了黑鱼生态化养殖。同时，创新地采取了先进生态养殖技术，有效地改善养殖环境，实现了养殖尾水的循环使用及零排放，保护了生态环境。

七、启示

1. **选好一个主导产业** 实现乡村振兴选好主导产业是基础，要根据地区情况精准施策，同时更要瞄准市场，选择有市场销路、有利润可赚且群众愿意发展的产业；否则，发展的主导产业将昙花一现，起不到产业发展一片、带动一方的效果。黑鱼作为一种经济价值较高的养殖鱼类，是一个富民产业。而如皋自古以来是鱼米之乡，有得天独厚的水土资源，在这里土生土长的黑鱼，口感独特、营养丰富，自带“长寿密码”，是大自然最好的馈赠之一。因此，发展黑鱼产业有着天然的优势。

2. **选好一个龙头企业** 火车跑得快，全靠车头带。因此，选好一个龙头企业是关键，产业发展得好不好或者说能不能发展好，关键就看该龙头企业的发展。以弘玖水产发展为例，短短的10年，就实现了创业之初的合作社经营到如今的集团化运行，正因为企业的快速发展，带动了产业的发展，从而促进了乡村振兴。

3. **选好一个运营模式** 模式是产业发展的基础。好的发展模式能够加快推进产业的发展，弘玖水产通过不断地摸索，探索出了“公司＋基地＋银行＋农户”的产业生态链平台化发展模式，实现了政府、公司、银行、农户共赢的发展局面，很好地带动了乡村振兴发展。

4. **选好一个扶持政策** 在产业发展过程中，政府各级、各部门要切实加强对产业及企业的服务工作，在规划、财税、法律、安全生产、技术指导、人才引进等方面给予全方位、全过程、方便、快捷、高效的服务，推动企业转型升级，不断提升产业核心竞争力。目前，黑鱼养殖已经列入如皋国家级绿色产业城市创建中重点发展的绿色产业，政府在产业载体、产业融合发展、技术创新等方面加大财政资金的扶持力度，确保产业能够高质量快速发展。

湖南常德：湖南德人牧业科技有限公司

导语： 奶业是现代农业的朝阳企业，对于改善城乡居民膳食结构、提高身体素质、带动相关产业调整、增加农民收入，具有十分重要的意义。德人牧业作为湖南本土新兴乳企，以湖南省奶牛原种场、湖南常德西湖农场为依托，以发展奶业全产业链为途径，始终秉持优质安全、绿色发展为核心理念，科技助力，星创联盟，打造一杯本土优质鲜奶，并以此带动产业兴旺、乡村振兴。目前，已建成完整的奶业全产业链，集牧草种植、奶牛养殖、乳品加工与销售、牧场休闲观光于一体，"牧场＋工厂"零距离，从源头开始，确保牛奶的安全与营养。同时，也是长江以南地区最大的种植基地及产业最完备的生产企业。

一、主体简介

湖南德人牧业科技有限公司成立于2014年4月，位于湖南省常德市西湖管理区，注册资金2 000万元。德人牧业传承于1952年长沙乳牛场，现拥有湖南省畜牧兽医研究所、常德西湖区两大核心基地，总投资1.5亿元，致力打造奶源可控、草源可控的湖南优质奶源示范基地。相继整合湖南乳品行业优势资源，牵头成立湖南乳业战略联盟，并成为理事长单位；联合印遇龙院士及中国农业科学院、中国科学院、湖南省畜牧兽医研究所和湖南农业大学等单位开展产学研深度合作，建立湖南省院士专家工作站、省发展改革委南方牧草工程研究中心，攻破多项南方奶业技术瓶颈。已建成2个1 000头奶牛的牧场、10 000亩草场、年产10万吨牧草加工厂、年产4万吨乳品加工厂，完成奶业"种-养-加-销-游-创"全产业链布局。实施"草畜肥"一体化、粪污有效合理利用，实现了"生态、生活、生产"融合发展。旗下拥有"德人牧香鲜奶"和"牧香烘焙"两大主要产品，现有德人牧香鲜奶吧53家。已发展成为农业产业化省级重点龙头企业、湖南省高新技术企业、湖南省学生专用奶生产企业，是国家AAA级旅游景区、农业农村部休闲观光牧场、湖南省5个100工程企业。

二、主要模式

（一）模式概况

1.“1＋X”奶业全产业链模式　"1＋X"奶业全产业链模式，围绕一杯鲜奶，横跨一二三产业，集牧草种植、奶牛养殖、乳品加工与销售、休闲观光、创新创业于一体，把与鲜奶相关联的畜牧业、乳业、农产品加工业、物流业、旅游业等产业衔接起来，在南方打造一个具有洞庭优势和产业特色的乳业产业集群。以向湖南省城乡提供优质低温乳品为终端坚守，打造源头可控的全产业链。

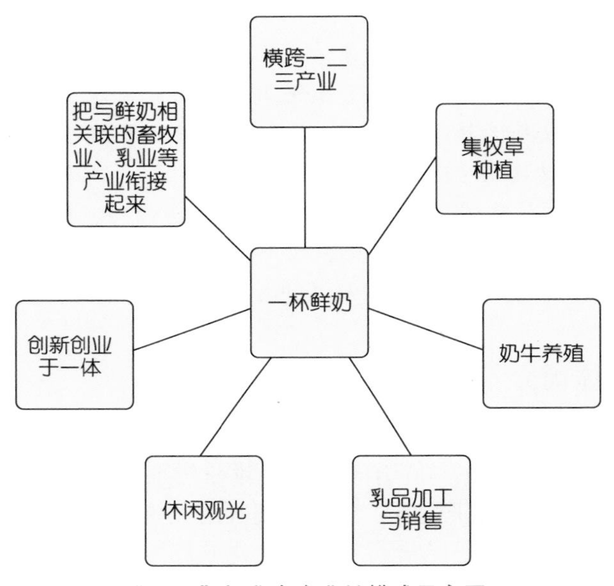

“1＋X”奶业全产业链模式示意图

2.“草畜肥”一体化种养模式　奶牛养殖场采用自动化的饲喂、挤奶、清粪设施，构建了“草畜肥”一体化种养模式，实施了肥水一体化。奶牛养殖场的鲜粪、尿液以及养殖场冲洗污水一起进入沼气工程厌氧发酵，通过干湿分离技术，逐级消化奶牛粪便，产生的沼液经三级沉淀后作为液态肥浇灌牧草种植基地，沼渣进一步加工成有机肥，实现了“土地流转＋饲草生产＋畜禽养殖＋粪污还田”的种养结合封闭循环和“饲草料订单生产＋畜禽养殖＋乳品加工＋粪污制作成有机肥还田”的种养结合区域大循环，周边农业企业和合作社同时受益。

3.“一改二化三替换”模式　一改：低产奶牛品种改良；二化：苜蓿草产品的多元化（猪饲料、牛饲料），秸秆饲料化；三替换：本地苜蓿干草替代进口、籽粒玉米青贮替代外购、秸秆干草替代外购干草。

针对湖南奶业发展实际问题与瓶颈，进行奶牛品种改良，推进牧草种植与饲料化，降低奶牛养殖成本，调整传统种植模式，解决秸秆的综合利

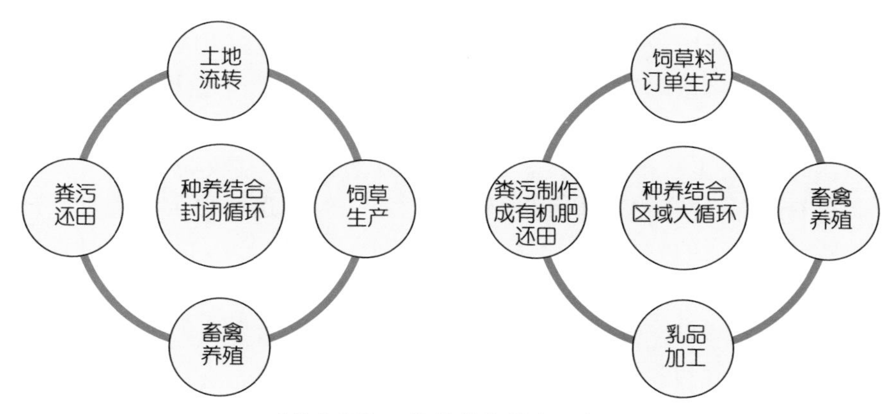

“草畜肥”一体化种养模式示意图

用。并且，以常德市西湖管理区、西洞庭管理区为核心，实现 3 年发展 2 万亩苜蓿草场的目标，将传统的部分棉田和水稻田调整成高端牧草的种植园。

一改：低产奶牛品种改良

二化：苜蓿草产品的多元化（猪饲料、牛饲料），秸秆饲料化

三替换：本地苜蓿干草替代进口、籽粒玉米青贮替代外购、秸秆干草替代外购干草

“一改二化三替换”模式示意图

4. **“鲜奶吧＋奶站＋社区团购”营销模式** 在销售模式上，德人牧业主要以长沙、常德为核心，向四周县（市）扩散，选择社区、学校、写字楼等区域开设鲜奶吧，让消费者在家门口就喝到一杯真正的鲜奶。以鲜奶吧为核心，在周边区域开设奶站、投放自动售奶机，招募社区团长，借助电商及团购平台的力量，“线上＋线下”结合，提升消费者对产品的认知度，全面推动产品的销量。

三、发展策略

1. **打造优质奶源基地，实现文旅融合** 对于本土奶业来说，品质是企业的生命线。如何保证奶源的品质，全产业链发展模式是一条重要的途径。在产业建设的基础上，德人牧业又融合旅游、观光、科普，打造德人牧业小镇，成为国家休闲观光牧场，成功获评国家 AAA 级旅游景区。游客在牧场品尝鲜奶，见证现代化的乳品加工生产线，直接看到一杯牛奶生产的全过程，并进行互动体验，目前年游客接待量已经达到 6 万人次。全

产业链模式将实现乳品加工所用奶源全部自产，自有牧场绿色无污染，奶源可追溯，奶源质量安全可控，降低养殖的成本与管控风险。

牧场奶源质量优异，通过了有机认证。奶牛年产奶量稳定在7～7.5吨。牧场出产的牛奶蛋白指标已稳定达到3.2%～3.4%，鲜奶细菌数在2万以内，体细胞在10万以内，远远优于欧盟标准。“牧场+工厂”零距离，仅有15分钟车程，所有牛奶挤出后第一时间送往加工厂进行生产。德人牧业所生产的鲜奶采用国际先进的巴氏杀菌工艺，不添加任何添加剂，富含免疫球蛋白、乳铁蛋白、β-乳球蛋白天然活性营养，在24小时的时间内，就通过冷藏车，送到了奶吧和消费者的餐桌上。这就是本土优质鲜奶的品质和初心。

2. 以草业为基础，优质牧草本土化 草业是畜牧业发展的基础。南方地区雨水多、优质牧草资源严重匮乏。湖南省苜蓿需求量达到50万吨，几乎100%需要进口：95%来自美国，5%来自欧洲。中美贸易摩擦，苜蓿加征25%关税，湖南省奶牛等畜牧养殖成本大幅提升。本土饲草资源短缺，养殖成本居高不下，也严重制约了湖南省草食畜牧业尤其是奶业的发展。

为自主培育湖南本土牧草，形成核心竞争力，攻克制约湖南奶业发展的关键技术瓶颈，从2015年起，德人牧业与中国农业科学院、中国科学院、湖南农业大学、湖南省畜牧兽医研究所的专家共同攻关，前后花了近4年时间，在36个品种里筛选出了秋眠等级高的紫花苜蓿品种5个、饲用苎麻品种2个、青贮玉米品种3个、品种组合2个，填补了南方尤其是洞庭湖区紫花苜蓿栽培的空白。

3. 科技助力，攻克湖南奶业关键技术瓶颈 德人牧业联合中国科学院麻类研究所、中国农业科学院亚热带农业生态研究所、湖南省畜牧兽医研究所、湖南农业大学等科研院所和高等院校，相继组建了德人牧业湖南省院士专家工作站、南方牧草资源与利用湖南省工程研究中心、湖南乳业产业技术创新战略联盟3个省级科研平台，在优质牧草品种筛选与高效生产、奶牛科学养殖与生态优质奶的加工和畜禽粪便干湿分离及分级利用等技术方面开展研究与示范。以期突破制约湖南省奶牛健康发展的关键技术瓶颈，从根本上解决制约湖南省奶牛养殖关键共性技术问题，提高区域内奶牛生产水平与乳品品质。

目前已突破11项共性关键技术，完成饲料、添加剂、乳制品及药品产品的研发20项，获得发明专利36项，撰写与发表论文12篇。项目团队成员有3人评为湖南省“121”二三层次人才，3人晋升为副研究员，培养研究生6名，建立国家重点领域创新团队1个。其中，自主研发的青饲料农机农艺融合技术已经达到国际先进水平。

4. 生态齐头并进，实现区域内循环 德人牧业注重奶业生态循环与污染问题，构建了“草畜肥”一体化养殖模式，实施了肥水一体化。养殖场的鲜粪、尿液以及养殖场冲洗污水一起进入沼气工程厌氧发酵，通过干湿分离技术，逐级消化奶牛粪便，产生的沼液经三级沉淀后作为液态肥浇灌牧草种植基地，沼渣进一步加工成有机肥，大幅提高了粪污处理与利用率。

2018 年已累计生产销售有机肥 4 300 吨，主要市场为省内及江西、湖北等地，利润 85 万元。2019 年有机肥产值达到 300 万元以上，利润在 100 万元以上。液体有机肥和明穗农业、芦笋园、楚丰农业输出基地签订了长期的供货协议，上半年沼液使用面积在 12 000 亩以上，区域内通过推广沼液、有机肥替代肥料，减少化肥用量 70%以上。农民种植牧草每亩增加收入 500 元以上，项目区农民增加收入 2 000 元，收入增加 11%。

四、主要做法

1. 边摸索边推广，南方牧草产业化 在牧草培育过程中，从国外引进的牧草能栽培存活。但因土壤板结问题，产量不高。只好从土壤改良开始，把土壤品质提升，为牧草生长打好基础。因为南方雨水多、土壤湿软，大型的收割机吨位大，很容易将牧草根系破坏。为此，德人牧业与科研团队、益阳机械厂通过 7 次改良，一起研制出牧园牌 4QZ－2200 型履带自走式联合收割机，实现了收获、切碎与装箱一体化。与传统人工作业比较，工效提高了 20 倍以上。考虑到湖南天气的因素，德人牧业确定了牧草品类以青贮系列为主。通过 40 多次测试，紫花苜蓿青贮、全株玉米青贮、混合青贮、高肽饲用植物鲜料、苜蓿干草等产品，并与湖南省内几个大型养殖场确定了合作供应关系。德人牧业还从日本引进一体打包牧草加工生产线，建成湖南省内首条全自动、规模化牧草加工生产线，年加工能力 10 万吨。

在牧草种植推广和规模扩大的过程中，按照农村经营的特点和农户分散居住的条件，依照“公司＋专家＋科研示范基地＋2 000 亩以上合作社＋100 亩以上种植大户（家庭农场）＋农户”的模式进行经营，做到边摸索边推广。公司统一规划、统一指导、统一标准，负责种子供应、技术指导、机械化收割、订单收购、饲草加工；农户负责按公司要求种植管理，按牧草粗蛋白、水分含量以及实际交货量获得相应收入。农户种植紫花苜蓿每亩年收益可达到 4 000 元以上。与种植传统农作物相比，亩增效益提高了 1 500 元左右。

目前，与周边农户进行牧草种植面积从2014年的500亩扩展到2018年的8 000余亩，涉及农户500多户，户均年增收1.2万元以上。同时，村民还可以在公司基地打工赚工资。通过种养结合，青贮玉米每吨降低成本60元，全年牧场成本降低18万元。青贮苜蓿代替进口苜蓿干草（3 800元/吨），牧场每头牛每天降低成本3.2元，全年牧场降低成本22万元。1斤奶的成本从5元降低至3元。两项累计牧场经济效益达到40万元。2018年生产玉米青贮11 000吨、苜蓿草青贮包1 100吨、高肽饲用鲜草4 000吨、牧草秸秆耦合青贮包6 500吨。公司自主研发的青贮饲草料，除供应本省合作的养殖场外，还销往广西、湖北等地，2017—2018年销售2.83万吨，产值达到1 200万元，利润150万元。还参与制定了紫花苜蓿的湖南省地方标准。

2. “线上＋线下＋牧场体验服务”，销售全面开花 线下主要以鲜奶吧、学生奶、餐饮奶、大客户、自动售奶机等渠道为主，线上主要以社区团购为主。

鲜奶吧整体运营以“乳品＋烘焙”为主，作为德人牧业对外的销售窗口，同时也是企业布局在某一社区、商业区的核心据点，由此延伸出“奶吧＋奶站＋社区团购”的模式。社区团购目前在长沙、体量较大的小区内均已先后兴起了社区团购模式，在近两年发展特别迅速。定位精准，由实体店交易、邻里信任感推动快速发展，产品通过邻里之间的口碑迅速传播。这种“人对人”的交易，相较于纯线上平台而言，客群稳定，让乳品能够快速在某一小区内站稳市场。而自动售奶机是一种快捷、方便、安全的自主消费型模式，适用于学校、社区、写字楼、医院、商场、游乐场、景区等多种地方。同时，公司还会通过免费牧场体验活动带动客户品牌认知和产品美誉度。

湖南现有乳企，包括德人牧业在内，都面临与国内大型乳企的激烈竞争。鉴于湖南消费者对本土乳品认知度不高、信心不足的情况，迫切需要推广普及本土鲜奶的优势和特点，让湖南人接近奶源，了解奶文化，喝上健康新鲜奶。在市场要求下，启动会员牧场体验和旅游、观光、科普活动，让游客在牧场品尝鲜奶，见证现代化的乳品加工生产线，直接看到一杯牛奶生产的全过程，极大地树立消费者对乳品的信心，也全面带动了奶牛、牧草、牛奶文化推广，饮奶知识科普，无形提升了产品的竞争力。

五、利益联结机制

1. 流转土地促收提质 德人牧业在西湖管理区黄泥湖村、九狮村、永安村等地共流转土地2 000余亩，每亩租金400～500元不等。不仅解决了田地荒废的问题，增加了农民收入，也实现了规模种养以及机械化的施行。

2. **直接提供工作岗位与劳务机会**　德人牧业直接为当地百姓提供工作岗位 207 个，年发放工资 700 余万元。每年雇用的临时性劳务人员超过 1 000 人次，主要为季节性、时段性的劳动，年均发放劳务工资 70 余万元。

3. **采用“保价收购”的机制**　为了保障牧草种植户的基本利益，德人牧业与农户签订保价收购协议。如牧草收购价格：最低保证紫花苜蓿每吨 1 000 元、青贮玉米每吨 500 元的收购价格进行回收。此外，2017 年还收购周边的农作物秸秆 5 000 余吨制作饲草料。

4. **分贷统还，共同受益**　2017 年，德人牧业获得产业扶贫信贷资金项目，142 户贫困农户带资入股公司。公司除承担信贷本金与利息之外，还以项目增收效益按比例进行分成给参股贫困户，每个贫困户每年享受到 6％的企业分红，共计 80 余万元。

5. **培训服务培养高素质农民**　德人牧业搭建好星创天地平台和相关设施，作为信息展示与技术培训中心。组织行业专家进行讲座、培训共 14 次，培训达 3 000 多人次，无偿印发相关技术小册子 1 万多份，有效提高了贫困农户科学种植的水平，夯实了他们的自我发展能力。

六、主要成效

1. **经济效益**　西湖管理区西洲乡农村一二三产业融合试点项目的实施，奶牛产业发展将迈上新的台阶，促使牧草种植、运输青贮饲加工和储存、牛奶生产、牛奶加工、餐饮业全产业链快速发展，衍生产业以及企业、养殖专业合作社等新型经营主体的蓬勃发展。项目建成后，奶牛年存栏达到 2 000 头以上，年产鲜奶 1 万吨，奶牛产业综合产值达到 1 亿元以上；生产的产品每年可替代区域内化肥、农药、饲料等，年可节约成本近 600 万元。乡村旅游产业年新增接待游客5 万人次，可以实现年新增旅游收入 200 万元左右；农业电商平台新增销售收入 800 万元左右。德人牧业目前占常德乳品市场 10％的市场份额，在省内长沙、株洲、湘潭、益阳、娄底、张家界等市形成稳定的市场，拥有良好的产品和品牌口碑，会员数达到 4 万人，年销售收入突破 1 亿元。德人牧业拥有员工 287 人，促进了当地就业增收。同时，通过产业建设带动成立合作社、家庭农场 4 个，联结相关企业、新型经营主体和种植大户 50 多个，西湖管理区区域内农牧产业循环机制逐步建立，现代农业设施设备及种养能力明显提升，种养经济效益显著提高。

2. **社会效益** 以西湖管理区奶牛产业发展为基础，将农业数字化、机械化、“互联网＋”等新一代技术向农业生产、经营、服务领域渗透。在奶牛产业发展的同时，推进“种-养-肥”“牧草＋蜜蜂”种养结合循环农业、乡村旅游、物流等行业的协同发展，并为二三产业提供更多的就业岗位，真正让奶牛产业成为西洲乡农业经济发展的重要支柱；项目的实施将推动多要素集聚、多产业叠加、多领域联动、多环节增效，实现一二三产业融合发展。

3. **生态效益** 通过推进种养结合循环农业，配套建设农副资源综合开发利用设施、清洁化生产等设施，变“废”为宝，实现了农业可再生资源的合理开发与利用，在发展现代农业的同时，节约资源、保护环境，走资源节约型和环境友好型的良性发展道路。

德人牧业完成了南方紫花苜蓿的栽培与利用，牧草科学种植、机械化全程收割和加工技术研究，开展种养结合的循环农业模式，实现奶牛养殖的清洁化生产，构建起南方饲草与生态牛奶耦合生产关键技术与应用体系，从根源上解决一杯好奶的品质问题，同时缓解了牛、羊等草食家畜饲草料供需矛盾，大幅降低生产成本，有效提升了湖南省奶牛生产水平和奶产品质量。通过构建牧草种植、奶牛养殖、乳品加工一体化全产业模式，实现“草畜肥”一体化生态循环养殖，真正勾画出一幅美丽乡村的图卷。

七、启示

德人牧业是源于“打造一杯优质鲜奶”的愿望而开始的一个创业故事。牛奶是人类的白色血液，是最接近人体的食物。国外草畜产业尤其是奶业的发展是衡量一个国家发达程度的标志之一，美国、新西兰、英国等国外发达国家草畜业的比重基本占到了农业的60％这样一个比例，鲜奶资源十分丰富，发达国家奶类消费人均在200千克以上，而我国人均只有30多千克。湖南奶业发展一直滞后，存在优质草畜品种资源少、优质蛋白类饲草缺乏（大部分依赖北方调运和国外进口）、养殖模式传统落后等诸多瓶颈。在湖南，鲜奶已经成为一种极其稀缺的宝贵资源。

要持续、健康、稳健地发展奶业和振兴湖南奶业，做全产业链是一条必经之路。科研人员的联合参与、关键技术的研究攻关也势在必行。不仅要做产业建设，还要做到文旅融合。因此，确定了在西湖管理区依托奶业定位现代农业产业园，形成田园综合体＋特色小镇，创建牧业小镇、文化旅游产业园，打造AAAA级景区。按照这一目标，德人牧业先后从国外引进优质牧草品种、优良奶牛，汇聚行业顶级专家团队，建立科研平台，进行科研成果产业化。这些成果形成了德人牧业跨越式发展的基石，帮助企业牢牢占领了行业和市场的制高点，也在湖南省树立了可复制、可推广的南方奶业发展模式，实现了“依托产业，发展农村，服务城市，富裕农民”的理念宗旨。

湖南娄底：湘村高科农业股份有限公司

导语： 俗话说："粮猪安天下"，养猪业的健康发展和猪肉的稳定供应对于国民经济和国计民生均有不可替代的作用。我国养猪业发展从新中国成立初期到改革开放，从计划经济到商品经济，再到市场经济的变革，经历了70多年的变化。从过去努力满足人们对肉食的需要，到现在解决社会主要矛盾，满足人们日益增长的需要和供给不平衡的问题。随着居民收入和消费水平的提高，猪肉消费市场向多样化、优质化、品牌化方向发展，地方猪种的开发利用具有良好的发展前景。

一、主体简介

湘村高科农业股份有限公司是以湘村黑猪品种培育为主业，配套商品猪养殖、肉食品加工和饲料生产等相关业务的龙头企业，在全国设有10家子公司，建有现代化规模养殖场6座，总资产达21亿元，年商品黑猪生产能力超过30万头，是目前国内黑猪群体规模最大和内地活体黑猪唯一供港企业。公司实施品牌营销战略，成功布局环渤海、长三角、珠三角和深港澳等消费力高的地区，自主开发运营"湘村鲜到"电商平台，积极挺进新零售业态。公司被确定为国家高新技术产业化示范基地、国家农业科技创新与集成示范基地和国家"863"计划重点课题承担单位。

湘村黑猪，是由湘村股份以湖南优良地方品种与引进品种杂交选育、于2012年通过国家审定的生猪新品种，具有生长速度快、产仔率高、抗病性能好、肉质口感好等特性，深受养殖户和消费者青睐，成果两度入选国家"863"计划并获得湖南省科技进步奖和神农中华农业科技奖，连续4年被农业农村部推介为全国生猪主导品种，成为湖南省"湘品出境"的名优产品。湘村黑猪产品通过有机产品、欧盟麦咨达和Global GAP等质量认证，被评定为湖南省著名商标，先后荣获2015年湖南省最佳生猪品牌创新奖、2016年中国自主品牌100佳和2016—2017年全国优质品牌猪肉奖。通过品牌营销战略，湘村品牌形象快速深入消费者心中，市场地位飞速上升。

二、主要模式

1. 模式概括　湘村股份始终以“打造中国高品质猪肉第一品牌”为愿景，为推进中国地方猪产业化发展作出应有的贡献。餐桌经济和农业品牌化这个未来的黄金产业机遇，坚定了农业产业化发展的信心，湘村股份将矢志不渝地坚持走科技创新和品牌强企道路，不断增强企业和产业竞争力，使之尽快成为湖南省乃至全国农业产业一支靓丽的奇葩。

2. 发展策略　湘村黑猪产业化开发的总体策略是，坚持以先进的科技手段为先导，以突出地方猪种的优良特色为主线，以创建“中国高品质猪肉老大品牌”为突破口，以龙头企业的示范带动为载体，逐步建立湘村黑猪品种研发、培育、商品猪养殖、屠宰分割、产品加工、肉制品生产、物流配送、终端销售、饲料生产与兽药分装以配套及技术服务有机结合的完整的湘村黑猪产业开发链条，做我国黑猪产业化的倡导者。

三、主要做法

1. 加大科技研发力度，开展品种持续选育　开展品种持续选育、进一步完善和规范选育体系是必须坚持的长期性工作，只有在繁殖性能、育肥性能、胴体性状和肉质品质等多项指标得到持续稳步提升，才能使湘村黑猪的肉品品质持续处于国内领先水平。公司以国家发展改革委、财政部和农业农村部联合实施国家“生物育种工程”为契机，紧紧依托湖南省畜牧兽医研究所、南京农业大学和中国农业大学等科研力量，加大技术人才引进力度，丰富“产学研”结合内涵，逐步提高分子育种等先进技术在应用研究工作中的比重。在提升湘村黑猪品种的主要生产性能指标研究上取得重大突破，要在饲料生产、食品安全、生态养殖等配套关键技术研究上取得新的进展，着力培养、建设一支掌握品种核心技术的自有科研队伍。

2. 迅速扩大产能规模　一是尽快完成核心育种场、扩繁场和示范养殖场的建设任务；二是对原有养殖场进行以完善养殖设施为主要内容的改造提升，以保障养殖生产的正常运行和生产能力的稳步提高；三是巩固好“公司＋合作场＋合作社（农户）”的产业化组织模式，充分发挥公司的龙头带动作用，建立互利双赢机制，促进湘村黑猪养殖规模的不断扩大。

3. 完善产业链条　在建设种猪育种场、商品猪示范养殖场、扩大产能规模的基础上，建设科研中心、饲料加工厂、兽药分装厂，特别是肉制品深加工厂等产业环节，完善产业链条、提升企业形象，发挥预期效益，以提高公司在国内国际市场的竞争实力。

4. 丰富产品结构，开拓产品市场　一是不断开发冷、热鲜肉精品，满足高端市场需求；二是肉食品加工厂紧紧依托相关科研院所的技术优势以及国家肉品质量安全控制工程技术研究中心、中美食品安全联合研究中心、教育部肉品加工与质量控制重点开放实验室、农业农村部农畜产品加工重点开放实验室这些国字号招牌，将湘村黑猪肉产品打造成高品位、高品质的市场新宠；三是实施“六点三面”的市场拓展战略，即以长沙、北京、武汉、上海、广州、深圳为六大核心“产粮”市场，全面带动长三角、珠三角及环渤海等高消费水平市场，全面收割全国高消费水平市场。

5. **强力推进品牌建设** 持续花大气力做好品牌的策划、传播和维护工作，着力开发商超客户、专业客户、礼品团购等多种营销渠道，结合对新产品的研发和推广力度，加大广告投放力度，提升品牌价值，拉动产品销售。在巩固稳定现有市场的基础上，逐步向沿海及湖南周边省份市场推进。

6. **进军资本市场实现上市运营** 随着产业链条的完善和生产规模的进一步扩大，公司将结合自身发展状况、社会经济发展状况、资本市场和金融市场的发展状况等因素，于2020年实现上市运营，通过资本市场解决公司各项业务快速发展的资金需求，实现做“百年长青企业”的发展战略。

7. **精益求精抓好团队建设** 一是加强管理，培养建立一支适应公司发展的人才队伍；二是建立完善一套科学完整、切合实际的制度体系，使

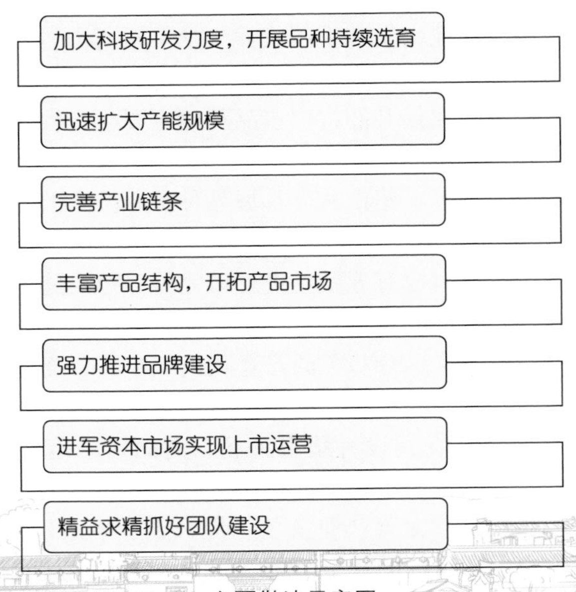

主要做法示意图

公司的各项管理工作逐步走上制度化、规范化、程序化的运行轨道；三是建立绩效考核机制，营造奖勤罚懒、优胜劣汰的工作环境；四是开展资本市场及企业上市相关知识的培训，加强团队对资本市场的认识，提升团队的内部规范意识，为公司上市做好铺垫；五是坚持以党的十九大精神为指引，做好公司党建和工会工作，充分发挥党组织在企业中的战斗堡垒作用，充分发挥工会组织作用，促进公司民主管理。

四、利益联结机制

公司在推进湘村黑猪产业化开发过程中，带动农户的方式主要有5种，现将具体带动情况及效果说明如下：

1. 通过“公司＋养殖企业（合作社）＋农户”的产业化组织模式带动农户受益　目前，与公司建立稳定可靠利益联结机制合同关系的农户共有3 969户，均以合同方式约定高于市场价1.5元/斤回收，并在市场低迷时设置回收保护价。2018年，公司收购合作养殖场（户）出栏的商品黑猪共14万余头，带动农户养猪产值达3.63亿元，农户新增养猪效益7 000万元以上。

2. 通过流转（承包）土地使农户获得土地租金受益　公司分布在湖南省娄底市娄星区杉山镇、万宝镇，双峰县印塘乡，邵阳县金称市镇、塘田市镇以及北京市怀柔区北房镇和湖北省孝感市大悟县的7个养殖基地共租赁（流转）土地近3 000亩，受益农户434户，农户年土地租金收入共283.29万元，户均年租金收入6 527元。

3. 提供就业岗位使农民工受益　至2018年底，该公司共安排农民工就业岗位475个，年工资性收入共2 254.72万元，农民工人均年增加工资收入47 468元。

4. 通过产业直接带动相关就业　在产业发展过程中，以合同方式带动饲料原材料供应种植基地3 000多亩，并累计聘用饲料装卸、生猪贩运、工程建设等相对固定的临时性用工约2 700人。

5. 积极参与精准扶贫，助力乡村振兴　公司踊跃参与精准扶贫事业、践行乡村振兴战略。一是积极投身“千企帮千村”活动，先后分别与湖南省娄底市娄星区蛇形山镇双泉村、泸溪县洗溪镇邓家坪村和湖北省恩施土家族苗族自治州咸丰县唐崖镇彭家沟村建立企村对点帮扶，通过向贫困户投放湘村黑猪种猪、商品猪，免费配送饲料，承诺高于市场价回收商品猪等方式，帮助贫困户脱贫增收。二是承担湖南省“重点产业扶贫”项目，对娄星区525个建档立卡贫困人口通过委托帮扶方式，实施期内贫困户可累计获利147万元，人均增收2 800元。

通过“公司+养殖企业（合作社）+农户”的产业化组织模式带动农户受益	通过流转（承包）土地使农户获得土地租金受益	提供就业岗位使农民工受益	通过产业直接带动相关就业	积极参与精准扶贫，助力乡村振兴

利益联结机制示意图

五、主要成效

1. 湘村黑猪是湖南省首个通过国家审定的生猪新品种，具有完全自主知识产权　湘村黑猪是以湖南优良地方品种与引进品种经种杂交选育，于 2012 年通过国家审定，是迄今为止湖南省首个通过国家审定的生猪新品种，湘村股份拥有其完全自主知识产权。这一成果获得湖南省科技进步奖和神农中华农业科技奖，农业农村部连续 4 年推介为全国生猪主导品种，有力提升了湖南省在全国养猪业中的行业影响和地位。

2. 湘村黑猪促进了当地养殖产业结构的调整，实现了养殖增效和农民增收　历年来，省、市政府及相关部门高度重视湘村黑猪产业发展。省畜牧水产局制订了湘村黑猪产业开发方案，将湘村黑猪确定为湖南地方特色农产品和湖南实现由养猪大省向养猪强省战略转型的主导品种予以重点扶持、大力发展。娄底市委、市政府多次召开专题会议、出台意见和办法，要求各级政府和有关部门加大扶持力度，将湘村黑猪产业发展作为促进全市养殖产业结构调整、培育新的农村经济增长点加以重点培育，采取切实可行的措施，推动湘村黑猪产业化经营。2018 年 3 月，娄底市委、市政府将壮大湘村黑猪品质特色和规模写入了推动乡村振兴战略在娄底落地见效的 15 条具体措施之中。同时，通过延伸上下游产业链条，带动种植生产、生猪贩运、冷链物流、工程建设等相关产业的发展，有力促进了一二三产业融合发展和乡村振兴战略的落地见效，对促进当地养殖产业结构调整、带动农业增收和农民增收发挥了积极作用。

3. 湘村黑猪成为全国畜产品知名品牌　2012 年起，湘村股份实施品牌营销战略，现已完成“北上武广深长”和长三角、珠三角、环渤海“六点三面”的市场布局，面向全国的营销网络多点开花，在相继与永辉、山姆会员店、麦德龙等高端 KA 渠道（即重点客户）深度合作后，又积极拓展互联网、新零售领域，先后与盒马鲜生、本来生活、每日优鲜等新零售展开战略合作，成为新零售的“新宠”。湘村黑猪产品通过了国内有机、欧盟麦咨达和 Global GAP 等认证，被认定为湖南省著名商标、湖南省“湘品出境”的名优产品，并获得 2015 年湖南省最佳生猪品牌创新奖、

2016年中国自主品牌100佳和2016—2017年全国优质品牌猪肉奖。在消费转型升级的当下，成功引领了“少吃肉、吃好肉”的消费时尚，“湘村的猪、儿时的味”已成为家喻户晓的宣传语，树立了良好的品牌形象，赢得了广泛的市场赞誉，有着较高的品牌美誉度、知名度和忠诚度，为“湖湘”农业品牌增添了新的亮点。

4. 创建了我国地方猪全产业链开发的示范 湘村股份依托湘村黑猪品种资源，按现代化农业发展理念，紧紧围绕农业供给侧结构性改革，加快实施湘村黑猪全产业链开发。经过几年的发展，已建立完善了以“育种、养殖、分割加工、配送和销售”为主线的横向产业链模式，以“种植、饲料生产、养殖废弃物资源化综合利用”为主线的纵向产业链模式，为我国地方猪全产业链开发起到了较好的示范作用。

六、启示

湘村黑猪这一特色养猪产业，既是促进养猪业产业结构调整的朝阳产业，也是打造标杆性品牌猪肉的养猪产业。就产业的生命周期而言，湘村黑猪产业未来发展空间很大。做大做强湘村黑猪产业，必须着重从产能规模、产业链、生产技术、品牌和渠道的建设等方面进行重点建设和提升。一是迅速扩大湘村黑猪的产能规模，按国际标准投建领先于全国水平的现代化猪场。二是从基因工程到环保能源到餐桌消费等各个环节完善产业链的建设。三是不断提升产品研发的技术能力和管理水平，力求生产出更多更受市场和消费者欢迎的高品质产品。四是通过品牌和渠道建设全面布局，从而实现公司平稳、健康、可持续发展的中长期品牌发展战略目标。

重庆丰都：恒都肉牛产业

导语：近年来，重庆市丰都县围绕“推动高质量发展，创造高品质生活”目标，立足“国家农业科技园区、特色农产品优势区”定位，坚持把肉牛产业作为脱贫攻坚和乡村振兴的主导产业来抓，大念“牛字经”、培育“牛经济”，不断延伸产业链、提升价值链、完善利益链，倾力建设“中国肉牛之都”。经过多年的不懈努力，基本形成集牧草种植、母牛繁育、生态养殖、精深加工、市场营销、科技研发等于一体的全产业链，实现了肉牛一二三产业融合发展，肉牛产业成为县域经济的支撑产业、百姓致富的殷实产业、丰都发展的品牌产业。

一、主体简介

截至2018年，丰都县肉牛养殖存栏量稳定在16万头左右，出栏肉牛近10万头，年种植牧草约6万亩、生产饲料约10万吨，年肉牛屠宰加工能力15万头、牛肉精深加工能力10万吨，发展牛肉特色餐饮店30余家，利用牛粪生产有机肥15万吨，肉牛全产业链日趋完善，一二三产业广泛联动、深度融合。

全县已累计培育、引进、扶持肉牛及其关联产业企业34家（其中，国家级龙头企业1家、市级龙头企业4家）、专业合作组织31家、家庭牧场800余个。其中，农业产业化国家重点龙头企业重庆恒都农业集团已累计投资30亿元，下辖拥有重庆恒都食品、河南恒都食品、内蒙古恒都农业等7个全资子公司，实现肉牛全产业链经营，并成为北京冬奥会、世界军人运动会牛肉制定供应商、天猫和京东最大生鲜供应商，先后获得中国最受消费者喜爱的十大品牌、中国十佳牛肉品牌等荣誉，产品知名度和市场占有率稳步提高。

二、主要模式

1. 模式概括　按照政府引导、企业主体、农户参与、科技支撑、金融支持的“政企农科金”紧密结合的工作思路，构建“企业＋基地＋农户”的发展模式，着力建链补链强链，打造肉牛全产业链条，推动肉牛一二三产业融合发展，举全县之力发展肉牛产业，建设中国肉牛之都。

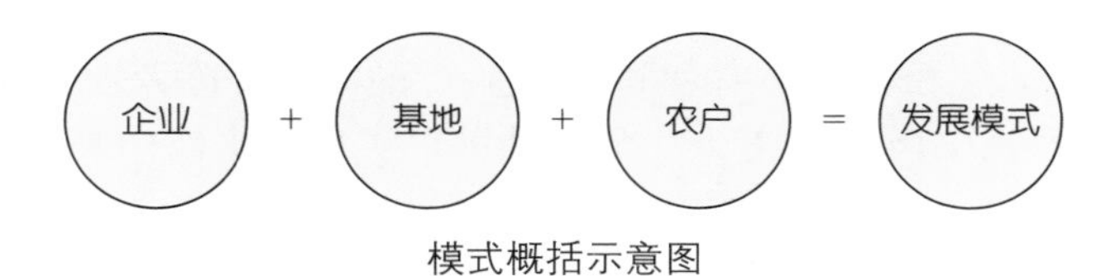

模式概括示意图

2. **发展策略**　按照“产业产值以精深加工为主、养殖为辅，基地布局以向外拓展为主、本地为辅，进口贸易以冰鲜肉为主、活牛为辅，总部发展以健全产业链为主、单项扩张为辅”的“四主四辅”的总路径，坚持“尊重科学、依靠科技，遵循法治、厘清边界，打造示范、联动发展”的指导原则，构建“总部在重庆、基地在全球、市场在全国”的生产力布局，突出抓好“总部打造、基地扩张、产业联动、科技支撑、市场拓展、品牌打塑、生态环保、食品安全”八大重点工程，加速构建和完善肉牛全产业链，以重庆丰都为中心，打造总部经济，做强一产、做优二产、做活三产，形成整体联动、环环紧扣、抢占高点的产业体系。

“四主四辅”

- 产业产值以精深加工为主、养殖为辅
- 基地布局以向外拓展为主、本地为辅
- 进口贸易以冰鲜肉为主、活牛为辅
- 总部发展以健全产业链为主、单向扩张为辅

利益联结机制示意图

三、主要做法

1. **延长产业链，推动产业集群发展**　通过产加销紧密衔接，实现一二三产业深度融合。一是养殖基地合理布局。探索适宜本地的肉牛养殖模式，形成“规模牛场＋家庭牧场＋散养农户”养殖格局，建成规模化标准化万头牛场1个、千头牛场5个、百头牛场39个、20～50头规模的肉牛家庭牧场800余个，成为产业发展的主力军，并带动丰都县约2.1万户肉牛散养农户成为产业发展的坚实基础。在夯实本地繁养基础的同时，龙头企业恒都农业集团积极进行对外扩展，在重庆梁平、河南泌阳、内蒙古赤峰等优势产区发展万头养殖场6个存栏10万头，在云南、辽宁、河北等地设立架子牛采购中心，在澳大利亚、加拿大等国家控股大型牧场，抢占牛源制高点。二是加工园区形成规模。将加工作为产业发展的关键环节，不断提升产品附加值。引进美国、欧盟等全套自动化屠宰及加工设备，采用预冷排酸、恒温分割等关键技术，建成现代化的肉牛屠宰加工厂2个、

牛肉精深加工厂2个，可年屠宰分割肉牛15万头，精细化分割16个部位300余个品种，年精深加工牛肉10万吨，产品涵盖冷冻调理、熟食产品、休闲食品、西式牛肉四大类100余个品种，实现了牛肉中高端产品全覆盖。并加大牛血、牛骨等牛副产物深度开发和应用，进一步提升精深加工能力。三是营销网络覆盖全国。龙头企业建立流通、商超、电商三大事业部，在全国建成23家销售分公司、10个冷链物流配送中心，与麦当劳、海底捞等餐饮连锁企业深度合作，产品进入沃尔玛、麦德龙等大型超市，成为京东、天猫等电商平台最大的生鲜类产品供应商和多个知名食品加工企业的核心原料供应商，在京东、天猫等5家电商平台线上生鲜类市场份额占有率达50%以上。

2. 提升价值链，促进产业内涵发展 按照农业供给侧结构性改革要求，坚持把肉牛品质、产业品牌作为产业转型升级的关键环节来抓。一是在科技上着力。与西南大学、中国农业科学院和中国肉类协会等高等院校、科研机构、行业组织深度合作，建成以国家和重庆市肉牛首席专家领衔的专家顾问团队，构建“首席专家＋县级科技特派员＋乡镇技术员＋村社指导员”四级联动的科技服务体系，丰都县产业专业技术人才达350名。二是在品种上优化。成功探索出“本地牛-西门塔尔-红安格斯”三元杂交技术路线，从澳大利亚引进500头纯种安格斯母牛，建设丰都县肉牛良种繁育中心，建成1个县级冻精供应中心、30个乡镇冻配站、176个村社配种点，本地黄牛改良率达96%。三是在农旅上融合。着力打造肉牛工业旅游景区，使生态养殖、食品加工、休闲旅游的三产深度融合模式得以展现，使绿色食品、有机食品、健康食品的生产流程得以参观，使牛文化内涵、牛产业循环、高科技运用的附加值得以体现。四是在品牌上打塑。建立“牛源基地优质化、检疫监控系统化、终端管理规范化、产品追溯全程化”的质量监控体系，同步推进“丰都肉牛”和“恒都牛肉”品牌建设，先后获得中国驰名商标、国家地理证明标志，顺利通过ISO9001、ISO14001、QS、清真食品、绿色食品、有机食品等认证，品牌影响力和市场占有率居全国前列。

3. 构建利益链，实现产业联动发展 农业产业只有实现社会、企业、农民三赢互生，才能长远可持续发展。一是让农民得实惠。引导有条件的农户直接参与牧草种植、母牛养殖和肉牛育肥，出台肉牛养殖奖励扶持政策，建立“企业＋基地＋农户”的合作模式，使广大农户通过肉牛产业受益。二是让企业有发展。培育壮大恒都农业、光明食品、丰泽园肥业、大地牧歌等龙头企业，强化企业扶持和跟踪服务，从项目立项审批、道路、水系等方面给予优先支持，培育形成了34家肉牛龙头企业和31家专业合作经济组织为补充的肉牛产业企业集群，并呈良好上升态势。三是让县域经济增活力。通过一业带多业，形成了上下高度关注、各方积极参与的发展格局。2011 年、2012 年，由市政府联合国家相关部委先后举办了中国肉牛产业发展大会、中国产业扶贫·肉牛发展峰会。2015 年，市政府把澳大利亚牛进口工作纳入全市十大开放型经济项目予以重点推进，丰都率先实现全国首批澳大利亚活牛进口。2016 年，成功组织召开了重庆市草食牲畜产业链建设推进会、“中国肉牛之都”建设研讨会，有力推动了产业转型升级发展。

4. 形成生态链，保障产业持续发展　始终围绕“当期可承受、长远可持续”的原则，着力在完善生态链上下工夫。一是坚持科学布局。进一步论证丰都县肉牛环境承载量，重新划定畜禽养殖禁养区、限养区和适养区，严格按照“三区”布局审批，实地科学选址。二是强化粪污治理。制定《丰都县畜禽养殖污染防治规划》，采取“一场一策”治理措施。对规模牛场按照“雨污分流、干湿分离、沼气发酵、污水处理、还田种植”的处理流程，实施工业化治污，并实行在线监测；对庭院牧场实行沼气发酵还田的自我净化发展方式。三是突出疫病防控。建立技术人员直接到农户、科技成果直接到牛舍、防疫要领直接到农民的防控体系，派出专业人员定期不定期深入一线开展产地检疫、指定道口检查、隔离观察、春秋两季强制防疫、规模养殖场按程序检疫和强制免费免疫病种扩大 2 倍的防疫措施，全县肉牛疫病控制在国家规定的 1%以内。四是注重循环发展。推行“牛沼草”“牛沼果”“牛沼菜”循环经济模式，大量收购牧草、秸秆等农工副产物作为肉牛饲草饲料，大力发展牛粪有机肥生产，积极推广牛粪种植双孢菇、养殖蚯蚓、作燃料发电等途径，牛粪资源化利用率达到 80%以上。

5. 完善保障链，夯实产业发展基础　健全的组织体系、科学的扶持政策、完善的配套设施是产业综合大发展的基础。一是建立领导机构。成立以丰都县主要领导任组长、相关县级领导为副组长、18 个县级相关部门为成员的肉牛产业化建设工作领导小组，专设县肉牛产业发展服务中心，负责统筹推进丰都县肉牛产业发展工作。二是制定扶持政策。县财政每年预算 1 000 万～2 000 万元，在外购架子牛、母牛产犊、有机肥加工、母牛保险等环节给予适当补助，以支持各类新型经营主体发展壮大。三是强化目标考核。制定下发了《丰都县肉牛产业发展目标任务》《丰都县肉牛金融扶贫实施方案》《丰都县肉牛产业发展考核办法》等，将肉牛产业的规模发展、疫病防控、环保治理等内容纳入单项工作考核，计入综合目标考核分值，推进肉牛产业持续健康发展。

四、利益联结机制

在产业发展的进程中，丰都始终坚持把农户参与和受益作为工作出发点和落脚点，依托龙头企业通过多种模式建立广泛的利益联结机制，促进广大农户增收致富。早期推行“企业购牛、农户领养、回收犊牛、母牛归户”的母牛领养模式，以及“政府搭台、购养分离、收入分成”的肉牛托养模式，全县农户领养母牛6 000余头，建成肉牛“托养所”23个，让贫困农户“零投入”即可实现快速增收。引导全县约2.1万户农户（其中建卡贫困户2 300余户）直接参与牧草种植、母牛养殖和肉牛育肥等肉牛产业发展，肉牛产业链相关企业直接提供工作岗位3 000余个，间接带动上万人通过饲料、商贸、物流、餐饮等环节实现就业。鼓励实施“土地流转＋返聘就业”农企合作方式，让农户脱离土地变身产业工人，并建立土地流转租金、土地入股股金（股权化改革）、返聘就业酬金“三金”增收机制。大力发展“订单种养”，通过“粮改饲”建立牧草种植基地6万亩，推行标准化肉牛养殖，龙头企业每年向农户订单收购育肥牛约2万头、牧草约5万吨，对农民的增收贡献率达18%。下一步，将积极探索肉牛代养、金融扶贫等新模式，以建立持续稳定的利益联结机制，有效助推脱贫攻坚行动和乡村振兴战略实施。

五、主要成效

1. **经济效益** 丰都县肉牛一产业产值突破15亿元，约占农业总产值的30%，肉牛产业对养殖农民的增收贡献率达18%，并带动下游加工、旅游、餐饮等二三产业的发展，肉牛产业总产值在30亿元以上，实现了企业规模不断扩大、销售渠道不断拓宽、企业产值不断增加、盈利能力不断增强的目标，有力推动了产业升级和结构调整。

2. **社会效益** 丰都肉牛产业创新“政府＋企业＋农户”的利益联结机制，产业链各环节直接吸纳本地人口就业3 000余人，间接带动上万人就业，引导全县约2.1万户农户（其中建卡贫困户2 300余户）参与产业发展，有力助推了贫困农户脱贫增收和库区移民安稳致富。丰都因肉牛产业被认定为国家科技富民强县示范县、国家级外贸转型升级基地（牛肉）、国家级出口食品农产品质量安全示范区（牛肉）、国家农业科技园区，成为全国首个进口商品活牛的承接地和试验地以及全国和重庆市产业扶贫示范县。3位国家级领导、30多位副部级以上领导来丰都实地调研，10余个国家和全国300多个党政、企业、学者考察团先后赴丰都考察交流肉牛产业发展，《人民日报》、中央电视台、新华社等主流媒体作了大量报道，极大地提升了丰都的知名度和美誉度。

3. **生态效益**　坚持“以地定畜、种养结合、循环利用”发展理念，筑牢生态“红线”，严守监管“底线”，推动产业发展模式由“拼资源、拼环境”的粗放式发展向“稳数量、提质量”的集约式发展转变，促进稻草、秸秆、酒糟等非常规饲料的开发应用，通过种养结合、能源利用、肥料生产等途径实现养殖粪污的综合利用。丰都县利用牛粪种植牧草 6 万亩、果树 10 万亩、蔬菜 10 万亩、蘑菇 1 万亩，养殖蚯蚓 500 亩；建成沼气池 5.8 万口，年产沼气 2 088 万立方米；建成 4 家牛粪有机肥加工厂、5 家禽粪有机肥加工厂，年生产有机肥 20 万吨，累计可处理粪污 220 万吨，有效改善了农村生态环境和农民生活环境。

六、启示

2008 年以来，丰都县以建成“中国肉牛之都”为总目标，坚持把肉牛产业作为特色效益农业的主导产业，并以澳大利亚肉牛进口为契机，举全县之力，不断推进肉牛产业转型升级发展，着力打造总部经济，努力走出一条生产技术先进、经营规模适度、市场竞争力强、生态环境可持续的特色新型肉牛产业化道路。

在产业发展的 10 年进程中，依托专业大户、家庭农场、农民合作社、农业产业化龙头企业等农业新型经营主体的不断培育和茁壮成长，在政府部门、金融机构以及科研单位的坚强领导下，在后勤保障和技术支撑下，以“恒都牛肉”为典型代表的丰都肉牛产业快速发展壮大，不仅形成了从一棵草到一块牛肉干的肉牛全产业链，而且实现了与肉牛相关联的一二三产业广泛联动、深度融合。丰都肉牛产业的成功实践，开辟了我国肉牛产业“北牛南养”的重要蹊径，对发展南方草食畜牧业起到了重要的示范作用，为扎实推进“菜篮子”工程建设和推动我国现代肉牛产业的发展作出了积极贡献。

重庆石柱：中益乡中蜂产业

导语： 中益乡聚焦“中华蜜蜂小镇”主题定位，按照长短结合原则布局产业发展，全力发展以中蜂产业为重点的主导产业，中药材、特色经果等种植业为融合的产业体系，确保产业当年有收益，来年可持续。2018 年共发展中蜂规模约 8 000 余群、特色种植产业 1.8 余万亩，建成研、产、加、销全链条。引进和培育了 15 家经营主体，带动 2 302 户群众发展特色产业 1.7 万亩。

一、主体简介

石柱县中益乡是重庆市 18 个深度贫困乡镇之一，为切实改变中益乡贫困现状，县委、县政府对中益乡确定了“3＋2”的发展模式。“3”即中药材、中华蜜蜂和高山果蔬，“2”即康养旅游和劳务经济。为切实改变中益乡贫困现状，中益乡立足本地资源优势，围绕中蜂养殖、中药材种植、特色经果、民宿乡村旅游等产业，稳步推进种养基地建设，全乡现已发展中蜂规模约 8 000 余群，建成研、产、加、销全链条。新建（种植）中药材蜜源基地约 1 万亩以上，其中草本药材约 5 000 亩、木本药材约 3 000 亩，因地制宜发展天麻、黄精等优质蜜源品种。新建特色蜜源经果林 1.36 万亩以上，以脆红李为主的经果林 1 万余亩，经果林基地管理社会化服务体系实现全覆盖。基本形成了以中蜂养殖为主导产业，中药材种植、特色经果、民宿乡村旅游、劳务经济为特色产业的农旅产业有机融合体系。

二、发展策略

（一）强化产业支撑，做大做强中蜂产业

1. **加快蜜源基地建设**　立足中益乡蜜源培植实际，科学布局蜜源基地。主要在华溪、坪坝、盐井、全兴等村平坝、缓坡地带集中连片培植黄连、黄精、前胡、经果等蜜源植物，在沟谷沿线培植观赏性强、花期长、利用价值高、可与休闲旅游高度融合发展的蜜源植物，力争完成 1.8 万亩蜜源培植，其中，中药材基地约 7 000 亩。

2. **做大中蜂产业规模**　升级现有中蜂原种场，大力开展良种选育、

良种繁育，提升种源品质，推动良繁体系建设。在中蜂养殖相对集中、养殖技术较为规范的华溪村、盐井村、坪坝村、全兴村科学合理布局标准化中蜂养殖基地。发挥重庆万寿山、石柱五度等龙头企业的示范带动效应，培育发展星级养殖户，积极打造高质量中蜂产业技术服务体系，加速“点”上集聚、“链”式拓展，推动中蜂产业新业态、新模式、新价值链的形成，做大做优做强中蜂产业。

3. 做实蜂蜜精深加工　以中蜂原种场和标准化养殖基地建设为基础，加快中益乡扶贫车间建设，引入先进设备和生产工艺推进蜂蜜精深加工，形成完善的中蜂加工产业链。依托中国农业科学院、重庆市畜牧科学院和西南大学，强化院校-企业-农户合作，引进和推动蜂蜜技术研发，重点生产蜂蜜饮食、蜂蜜保健品、蜂蜜护肤品、蜂蜜旅游产品，提升蜂产品附加值。

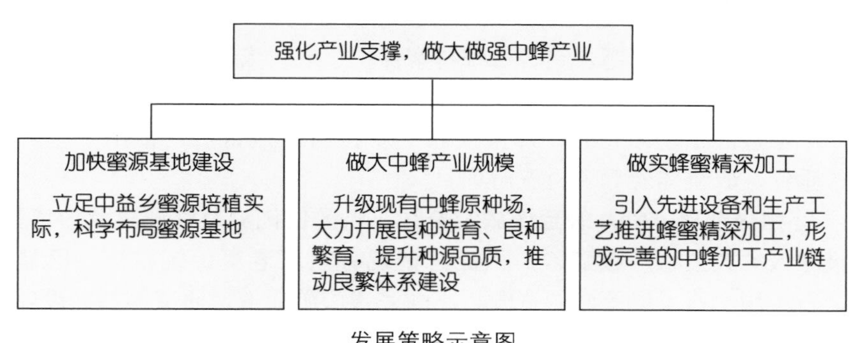

发展策略示意图

（二）筑牢文化灵魂，擦亮产业发展底色

1. 讲好中益蜜蜂故事　坚持“先吃黄连苦、后享蜂蜜甜”的中益脱贫攻坚精神，融入石柱土家族歌舞、节庆、民族工艺、民风民俗、传统村落等文化元素，丰富蜜蜂文化内涵，着力建设展示蜜蜂世界、蜜蜂文化、养蜂机具、蜂产品作用的蜜蜂文化馆。建立蜜蜂文化广场，开设蜜蜂科普讲堂，通过图片展示、文字说明、音像视频、专家讲学、亲身体验等多种方式，传播蜜蜂知识，普及蜜蜂文化，增加游客获得感。

2. 营造蜜蜂文化氛围　在农房风貌改造上选择蜂蜜色，道路两旁村民聚集地摆放蜂箱，布置种类繁多的中蜂模型，打造一批带有蜜蜂符号的景观节点。在蜜蜂文化馆、蜜蜂文化广场、村落庭院、村委会、文化墙等人口聚集地，科学、合理布置中蜂养殖、采蜜、蜜源收集等劳作图案，营造浓厚蜜蜂文化氛围，将蜜蜂文化从视觉、感觉上深植于人心。

讲好中益蜜蜂故事　营造蜜蜂文化氛围

打造产业文化示意图

（三）发挥生态优势，建设中华蜜蜂小镇

1. **推进华溪村“中华蜜蜂谷”建设**　依托境内特色山水资源，融合土家民族文化，营造蜂元素文化氛围，通过实施观赏性蜜源植物培育种植、中蜂产品加工研发设施及旅游基础设施完善配套以及蜜蜂谷银杏母树群落景观的升级改造等工程措施，在华溪村金溪沟打造5 000亩集中蜂养殖、农耕体验、蜜蜂文化展示、民宿接待于一体的旅游综合体。

2. **着力打造“蜂蜜人家”和中蜂主题民宿院落**　以“创新旅游产品，扩大旅游供给”为主题，结合传统村寨保护、农村人居环境整治及风貌改造项目，打造全家院子、冉家坝、白果坝等蜜蜂主题的民宿院落4个，培育100家蜜蜂主题相关的“蜂蜜人家”乡村旅游接待户，推出一系列采摘、垂钓、农耕体验等乡村旅游项目。

3. **积极创建AAAA级全域旅游景区**　以区位优势及资源禀赋为依托，积极融入“大黄水”旅游区，积极挖掘现有土家老寨传统村落、巴盐古道、石宝洞、石子梁等旅游资源，不断完善旅游通道、便道等基础设施建设，结合中蜂产业的发展，以中蜂养殖及蜂产品研发加工产业链为推手，融入中药材产业元素，积极推广蜂特色饮食、蜂美容护肤、蜂疗保健等蜂蜜产品，优化升级旅游产业体系，打造集休闲养生、旅游度假、医疗保健、文化展示等功能于一体的AAAA级全域旅游景区。

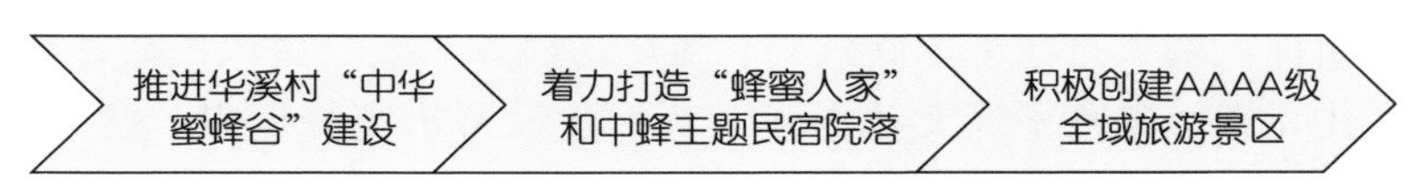

建设中华蜜蜂小镇示意图

（四）做响品牌实力，拓展产品营销网络

1. **做好电商消费**　深入实施“互联网＋”，按照“硬设施与软环境”齐抓共建的思路，不断强化道路交通、冷链冻库等硬件设施，优化发展电商平台、冷链系统等软环境，打通农村电子商务“最初一公里”和“最后一公里”。着力构建场镇电商综合服务中心和华溪村电商服务平台两大核

心，升级改造6个村级电子商务示范站点。积极培育农村电子商务市场主体，鼓励和引导电商及电商平台企业开辟特色农产品网上销售平台，与合作社、种养大户建立直采直供关系。

2. 培育中益品牌 在“源味石柱”区域公用品牌影响下，推进蜂群认购溯源系统建设，提升蜂蜜质量，开展品牌形象包装设计，引导新型经营主体与农户等共创品牌、共同营销、共享利益，重点打造“石柱中益蜂蜜”“蜜蜂人家”等系列品牌。支持和鼓励农业经营主体进行农产品商标注册、申报认证品牌农产品和有机农业基地认定，积极推进“三品一标”认证。扎实开展打假维权，按照相关规定严厉打击违规使用“中益”品牌标志的行为，维护“中益”蜂产品品牌形象。

3. 加强媒体宣传 持续开展“中益”品牌宣传推介活动，积极开展“蜂文旅”系列节会活动，利用电视、报刊、户外广告、互联网、微博、微信等传播媒体，加大“中益”品牌的宣传力度。高起点、高规格定期举办“520世界蜜蜂日”旅游节、“蜂收季”“采蜜节”等活动，进一步提升“中益”系列品牌市场知名度和影响力。

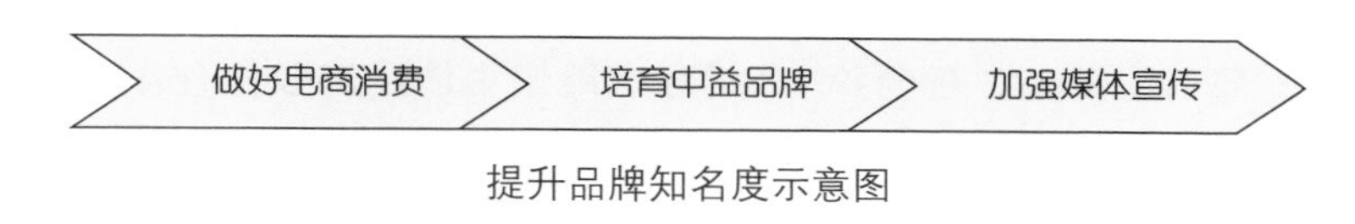

提升品牌知名度示意图

（五）完善利益联结，助推农民持续增收

1. 规范养殖蜜蜂带动农民持续增收 通过培植蜜源，建设标准化中蜂养殖示范基地，带动发展一批星级养蜂户，以点带面实现全乡有意愿、有能力的农户做大做强中蜂产业。通过品牌打造、产品营销，全面提升蜂产品价值，实现农户持续增收。

2. 发展乡村旅游带动农民持续增收 结合“森林人家”“黄水人家”乡村旅游发展政策，培育100家“蜂蜜人家”乡村旅游接待户，每家补助资金5万元，其中2万元为扶贫基金，用于带动贫困户5年、每年4 000元，不允许直接发钱发物，鼓励为贫困户提供就业岗位和购买其农产品，带动贫困户持续增收。

3. 打造民宿院落带动农民持续增收 通过招商引资引入城市资本、龙头企业，打造一批带有蜜蜂符号的民宿院落，农户以房屋、土地等资产入股，村集体以自然资源、协调服务等入股，与企业共享发展收益，壮大村集体经济，实现农户持续增收。

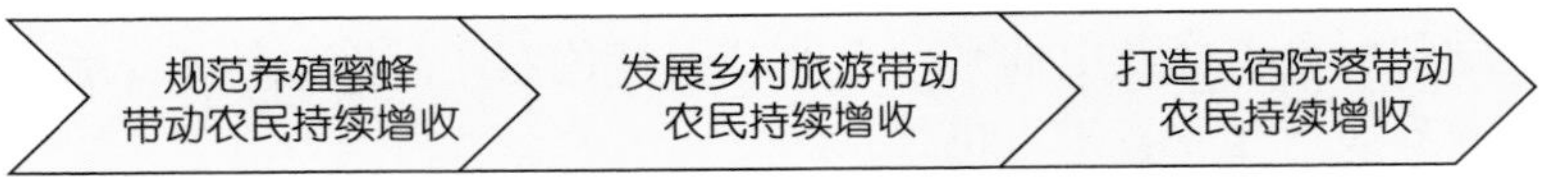

规范养殖蜜蜂带动农民持续增收 → 发展乡村旅游带动农民持续增收 → 打造民宿院落带动农民持续增收

完善利益联结示意图

三、利益联结机制

中益乡认真学习领会中央、市委、县委关于全面深化改革工作系列文件、会议精神，在联农带农机制方面进行了积极探索，建立了紧密的利益联结机制。积极稳妥推进“三变”改革试点。华溪村成功申报为重庆市“三变”改革试点村之一，以清产核资、成员界定、量化确权为基础，组建村集体股份经济合作社，与部分村集体经济组织成员共同出资成立中益旅游开发公司。在保障土地承包权不变的基础上，对全村 1 200 亩可利用土地统一生产经营并适度规模分户返包，同时积极发展扶贫车间、中蜂养殖、康养旅游等合股联营项目，构建起“1＋1＋N”的“三变”经营体系，全村 427 户农户转变为“股份农民”。2018 年村集体经济实现经营收入 20 万元，户均增收 3 000 元以上。为了做强农村集体经济，通过支部引领、支部书记带头，在全乡7 个村分别组建集体经济股份合作社，通过产业资金股权化和生产组织服务入股并享受分红，同时开展撂荒地收储利用、特色种养业等经营项目，2018 年村集体经济平均实现收入 5.6 万元。不断培育和引进农业经营主体。积极培育和引进各类新型经营主体。引进和培育农业产业化龙头企业 5 家，其中市级农业龙头企业 3 家、县级农业龙头企业 2 家；培育专业合作社 7 家、专业大户和家庭农场 50 余户，带动 800 余户参与订单农业。实现全产业链增值收益。一是土地、劳动力入股，实行“村集体经济合作社＋村民＋企业”的利益联结模式，农户以土地、劳动力入股占 10%，合作社以资金入股占 40%，企业以资金、生产技术、市场营销等入股占 50%，各自按占股比例进行分红收益；二是合作入股，实行“企业＋村民”的利益联结模式，全体村民成立村集体经济合作社，后与自然人联合成立公司，自然人以自筹资金入股，村集体经济合作社以财政扶贫资金、社会捐赠资金和帮扶资金入股，在保证土地所有权不变的基础上，村民以土地经营权入股分红；三是“代种代管＋股份分红”的利益联结模式，该模式实施前 3 年为“代种代养”模式，由企业利用相关产业发展资金代农户购苗栽种，并负责全程生产管理，农户可以获取务工收入并学习管理技术。3 年后归农户管理，为“股份分红”模式，企业以生产资料、技术指导、市场销售等入股，占 40%；农户以土地和劳动力入股，占 50%；村集体经济合作社以生产组织协调入股，占 10%。

四、主要成效

1. **经济效益**　依托重点农业龙头企业，做强做大做优中蜂产业，延伸中蜂产品精深加工产业链，配套建设冷链物流产业，形成产业新格局。依托中华蜜蜂谷建设项目有效拓展乡村农业休闲旅游，促进中益乡蜂文旅产业深度融合发展，实现旅游产业成为群众主要增收渠道之一，创旅游综合收入 3 亿元，使其成为重庆有影响力的特色小镇。

2. **社会效益**　通过深度调整产业机构，促进中益乡蜂文旅产业深度融合发展，为农户带来更多就业机会，有效解决区域剩余劳动力问题。通过一二三产业的融合联动发展，实现集约高效的城镇化，促进经济的不断集聚，并向高级阶段转变。通过多媒体进行宣传教育，使农民接受教育的手段越来越广，使农民能够更好地了解外面的世界，感受新事物，开阔视野，增长见识，思想观念得到转变。

3. **生态效益**　通过对中益乡中蜂养殖和蜜源培植进行合理空间布局，使土地集约化水平进一步提高。蜜蜂传花授粉可提高植物种子的结实和发芽率，丰富植物多样性，保证植物的繁衍不息，有利于保护植被。蜜源基地建设，使中益乡植被覆盖率有效提升，丰富了石柱县的生态多样性，有利于改善土壤性状，有利于提高养蜂效益，提升蜂蜜品质，使生态环境得到进一步改善，生态效益巨大。

五、启示

1. **产业支撑，融合发展**　做优农村第一产业，做强产业加工业，做活产业文旅第三产业，拓宽一二三产业融合发展路径，促进产业优化升级，加快培育发展新动能，以产业兴旺推进乡村振兴。

2. **政府引导，市场主导**　坚持政府引导、市场主导，充分发挥市场配置资源的决定性作用，更好地发挥政府作用，营造良好市场环境，加快培育市场主体，打破要素瓶颈制约和体制机制障碍，积极吸引社会资本投入，激发产业强镇活力。

3. **因地制宜，有序推进**　立足本地资源禀赋，综合考虑产业基础、市场条件及生态环境等因素，加强分类指导，坚持在特色上做文章，避免同质化发展和重复建设，探索符合本地乡镇特点、有借鉴价值的做法。

4. **利益联结、惠农富农**　把带动农民增收作为基本宗旨，建立健全龙头企业、项目与农民间紧密的利益联结机制，保障农民获得合理的产业链增值收益。充分发挥示范带动作用，引领带动农民就业创业和增收致富。

产业支撑，融合发展	政府引导，市场主导	因地制宜，有序推进	利益联结、惠农富农

发展启示示意图

第三章　共生农业案例

辽宁盘锦：盘山县绿展种养专业合作社

导语： 为探索新形势下做大做强农业优势产业，加快农业增效、农民增收步伐的新模式、新途径，盘山县胡家镇绿展种养专业合作社进行了富有成果的有益尝试，并积累了大量可贵的经验。立足当地水稻、河蟹两大主导产业的基础优势，合作社大力发展“大垄双行、早放精养、种养结合、一水多收”的稻田种养“盘山模式”，通过积极开展现代农业生产基地建设、强化科技支撑与科学管理，有效实现了农业生产全程的规范化、标准化。线上线下同步拓展销售渠道，扩大了农产品的市场占有和产品附加值。以让利于民、共赢发展理念为核心的利益联结机制，极大地确保了农民利益，提升了农民生产积极性。同时，为切实壮大村级集体经济作出了积极贡献。

一、主体简介

盘山县绿展种养专业合作社地点位于盘山县胡家镇田家村，成立于2018年10月。该合作社是集河蟹、淡水鱼养殖、水稻种植于一体的农业专业合作社，合作社重点发展高效生态种养结合模式的技术集约型农业产业，打造农业领域安全、安心的农产品。注册资金500万元，由孟辉等5人发起，合作社现有社员118户，职工5人，其中水产养殖技术人员2人，种植技术人员2人，其他岗位人员1人。合作社现总资产300万元，拥有稻蟹种养面积980亩，河蟹、淡水鱼养殖面积1 500亩。

该社以成员为主要服务对象，依法为成员提供农业生产资料的购买，农产品的销售、加工、运输、储藏以及与农业生产经营有关的技术、信息等服务。主要业务范围是：为本社成员提供组织收购，销售成员所养殖的河蟹、种植的水稻和棚菜，组织采购、供应成员养殖河蟹所需的饵料、塑料农膜、肥料，为成员提供河蟹养殖、水稻、棚菜种养技术和信息服务。

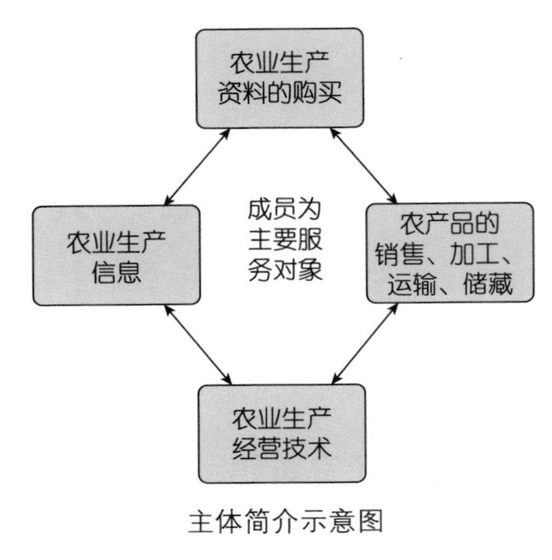

主体简介示意图

本社以服务成员、谋求全体成员的共同利益为宗旨。成员入社自愿，退社自由，地位平等，民主管理，实行自主经营、自负盈亏、利益共享、风险共担的合作经营。合作社秉承“农户效益第一”的经营理念，以绿色农产品发展为重点，提高产品的科技含量和附加值，逐步向高产、优质、低耗和高效方向发展。

二、主要模式

盘山县绿展种养专业合作社在乡村产业发展中，所采取的主要方式可概括为“合作社＋基地”模式。以基地建设为突破口，推动稻蟹共养产业的高质量快速发展，从而带动合作社、农户、村集体等各方的利益共赢。

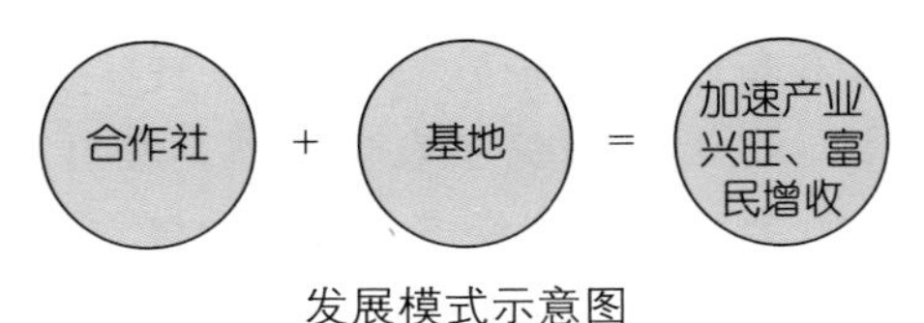

发展模式示意图

三、主要做法

1. 秉持兴业、富民的发展理念 该合作社以市场为导向，按产业化的发展思路，旨在促进稻蟹整体形成规模效益，促进高效农业的发展，实现农业增效、农民增收。实践中，通过综合运用农艺、生物、工程、农机等措施，努力实现胡家镇稻蟹种养技术发展，创造稻蟹稳产、高产、优质，实现生态效益、经济效益和社会效益的协调与统一。

2. 全方面推进稻蟹产业发展

*（1）利用资源优势高标准起步，着力基地建设。*合作社所在的盘山县是辽宁省“一县一业（河蟹）”示范县、中国河蟹第一县、国家级出口食品农产品（河蟹）质量安全区，“盘锦河蟹”获中国地理标志认证。“盘锦大米”是国家地理标志保护产品，是北京奥运会专用米，荣获中国驰名商

标，品牌价值227亿元。盘锦碱地宝农产品有限公司生产的“碱地宝”品牌大米获绿色食品A级产品认证。其中，胡家镇河蟹养殖面积达到10万亩，年产河蟹6 000多吨，年包装处理出口河蟹1 400多吨，创汇1 000多万美元，荣获“全国一村一品示范乡镇（胡家河蟹）”、中国河蟹之乡、全国特色“稻蟹小镇”、全国优质河蟹苗种生产基地、全国河蟹养殖示范基地、辽宁省无公害农产品产地、水产健康养殖示范场、辽宁特产河蟹之乡等荣誉。水稻耕种面积12万亩，年生产优质水稻上亿斤，无公害覆盖率和良种覆盖率均达100%。

稻蟹养殖示范基地

凭借得天独厚的农业产业发展优势和国家大力支持乡村振兴的政策性优势，盘山县绿展种养专业合作社在成立之初，便以高质量、高标准发展的目标，筹资870万元建设980亩稻蟹鱼综合种养项目，目前已经建成。如今走进基地，一望无际的田野，水稻秧苗满眼碧绿，不时有成群结队的小蟹爬上岸边休憩。一排排整齐的杀虫灯、视频监控器整齐地矗立在田埂上，为这一派生机勃勃的气象增添了浓厚的现代气息。

（2）以科技为支撑，强化基础设施现代化。实施技术支撑和服务能力建设相结合，提高技术装备水平，强化技术集成。基地建设过程中，渠道清淤40 000米、衬砌2 800米，购置太阳能杀虫灯180套，进行农业高标准农田建设，为摆脱农业生产对天气情况的过度依赖、增强农业抗风险能力提供了更加坚实的保障。同时，基地内安装视频监控30套，农业远程监控诊断系统前端设备支持多种传感器接口，同时支持音频、视频功能，可以有效地为用户提供第一手的现场专业数据。此外，还可以通过WEB

辽河蟹育种试验田

网站、手机端登录系统，实现远程控制等操作，为实现农业现代化起到了重要作用。同时，基地内配套设施完善，拥有变压器 1 台，功率 160 千瓦，输电线路及配套硬件2 900米，展示控制中心 1 座，建有冷藏库 1 座，面积为 2 000 平方米，可完全满足基地产出农产品的储存需求。

3. 全面推进“盘山模式”的应用 稻蟹共养是盘山现代农业发展模式的核心，稻蟹种养是一种“一地两用、一水两养、一季三收”的高效立体生态种养模式。水稻种植采用大垄双行、边行加密、测土施肥、生物防虫害等技术方法，实现了水稻种植“一行不少、一穴不缺”，使养蟹稻田光照充足、病害减少，减少了农药和化肥使用，既保证了水稻产量，又生产出优质水稻；河蟹养殖采用早暂养、早投饵、早入养殖田，河蟹不仅能清除稻田杂草，预防水稻虫害，其粪便又能提高土壤肥力。通过加大田间工程、稀放精养、测水调控、生态防病等技术措施，不仅提高了河蟹养殖规格，而且保证了河蟹质量安全，更有利于建立一批有规模的优质农产品生产基地。合作社积极推进实施“盘山模式”，基地内水稻以种植丰锦、盐丰等系列优质品种为主，水稻良种率达到了 100%，从源头上保证了农产品的良好质量。同时，积极打造成蟹早放精养示范项目，稻蟹共养面积超过 100%。

4. 拓宽销售渠道，提升产品附加值 该合作社所在地胡家镇拥有

以科技为支撑，强化基础设施现代化

“天下第一河蟹市场”的美誉，是全国最大的河蟹专业批发市场，年交易额45亿元。市场周边分布有多家河蟹加工及销售企业，已形成了河蟹深加工产业集聚区。利用这一便利优势，合作社在培育了本村10余人河蟹销售经纪人队伍的基础上，为提升产品附加值，与大型河蟹出口企业盘锦旭海河蟹销售有限公司建立了长期稳定的供求合作关系。通过该公司，合作社每年有超过10万斤河蟹出口至韩国、日本、新西兰等国家和地区。对于质量高、品相不足的河蟹，经过海涛河蟹有限公司的精深加工，变身蟹黄酱畅销市场，最大限度地实现了河蟹产品低损耗、高收益。

同时，盘山县内拥有水稻加工企业100余家，其中年销售额2 000万元以上的规模型企业就已达到20多家。通过积极与企业对接、商谈，截至目前，该合作社已与盘锦益海嘉里米业、柏氏米业等大型省级龙头企业签订了水稻订单化生产协议。每年出产的已获得绿色食品标识认证的优质水稻，全部以高于市场0.3元的价格被企业收购。

大数据、云计算的信息化时代，线上销售已成为农产品走向市场不可或缺的渠道。为补齐短板，在胡家镇政府的大力协助下，该合作社已经与北京胜世恒辉技术服务有限公司达成网上平台销售协议。同时，胜世恒辉公司将投资300万元，在胡家镇建设北农副产品电商交易平台项目，销售服务将覆盖全镇并辐射周边。

5. **强化人才队伍建设，增强发展后劲** 科技是发展的第一生产力，农业也不例外。合作社在发展乡村产业过程中高度重视人才的作用，合作社现有技术人员6名，负责生产管理和工艺技术以及质检工作，全部具有相关专业大专以上文凭。合作社技术部人员始终参与基地建设和运行管理，并制订了详细的技术、人员引进计划，为每一步的发展都提前做好技术准备。根据不同岗位的技术要求，合作社制订详细的技术培训计划，采取“走出去、请进来”的方式进行培训。每个职工接受集中培训的时间，每年不少于60学时。合作社建立了阅览室，并购买了大量的农业技术和农村实用技术类图书、报刊，为职工自学创造了有利条件。合作社针对各类技术人员每季度开展一次技术考核和技术比武，在全社营造了浓厚的“赶学比超”的良好氛围。

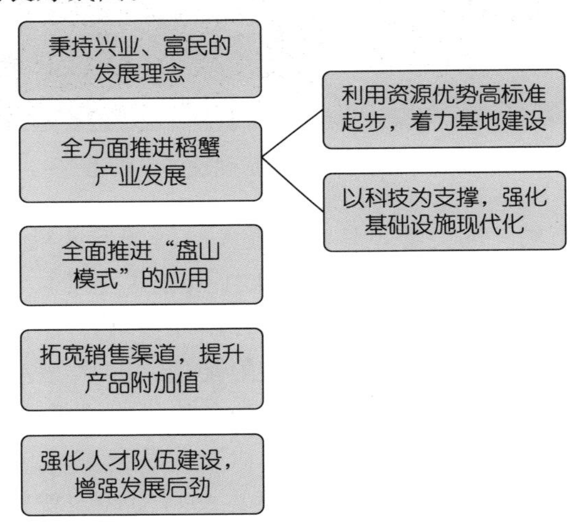

主要做法示意图

四、利益联结机制

合作社经营宗旨是保证社员利益最大化，社员以土地入股，自愿参与经营与否。合作社设专业管理人员，本着公平、公正的原则实施集约化经营。社员以土地入股，不承担经营中产生的费用，每亩地即是一个股份，占股比重以亩计；吸纳出资人入社（即股东），主要参与经营，并承担生产经营中产生的所有费用；社员入社签订协议后，每亩地即得红利1 000元，秋后享受二次分红。社员享受的二次分红占合作社效益的40%，出资股东占50%，村集体占10%，作为壮大村集体经济的资金。

五、主要成效

合作社通过基地建设，不仅带动了当地稻蟹共养产业的快速发展，提升了产业效益，增加了农民收入，同时在精准帮扶领域取得了良好的社会效益。

1. **推动农业增效**　2019年合作社年产水稻达到98万斤，按1.8元/斤计算，年销售收入176.4万元。年产河蟹39.2万斤，按22元/斤计算，年销售收入862.4万元。

2. **推动农业高质量发展**　生产中全程采用机械化，取代了历史性的人工耕作；基地内建设全方位的视频监控，取代了人工监测和巡视；配套农业“物联网”系统，达到了省时、节水的目标。基地实施高效统一管理，有效控制了农药和化肥的施用量，严格执行绿色种养标准，把“吃出健康”作为基地的生产理念。

3. **增加农民务工收入**　基地建设之前，社员因为手里有10多亩地，外出务工没人管理耕地，单一的种地收入太少，这些年一直束缚着农民增收。基地建成后，在保证了社员土地收入不受损失的基础上，解放了劳动力，增加了务工收入。现在有一部分社员外出务工，一部分在基地务工。基地全年务工达到400多人次。长期务工社员杨喜芳就是管理人员之一，由于妻子身体不好，原来家里的几亩地就得由杨喜芳管理，一年下来，收入低得可怜，日子过得很拮据。如今到基地打工他乐坏了，他说：“我在这打工每个月挣3 000元，能干8个月，这一年的收入顶以前的好几年。最好总让我在基地干，累点儿也合适。”

4. **增加集体经济收入，助力精准扶贫**　基地实施集约化经营，实现了生产的可操作性、市场的可控性，从而达到品牌建设带来的效益。尤其是村里的困难群体拿土地入股后享受到了“一地三收”，即土地入股利益保底分红、二次分红、集体资金帮扶。村里的困难户李国祥说:“我妻子出车祸以后，把我愁死了。不但她失去了劳动能力，把我也捆住了，每天得护理她，地没人种，啥钱儿也挣不来。这下好了，合作社把地拿走了，不用自己种，收入还比以前多了，而且村里用挣到的钱还帮助我们，以后的日子不用愁了！”

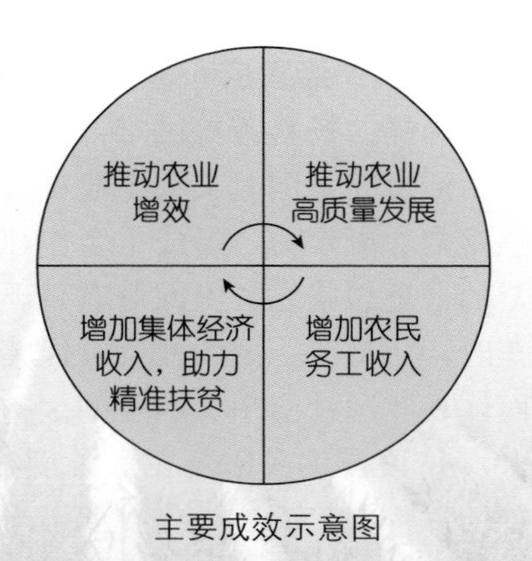

主要成效示意图

六、启示

盘山县胡家镇绿展种养专业合作社在发展乡村产业方面所做出的探索和取得的成绩，给我们带来的启示主要有3个方面：

1. 合作经营是实现农业规模化、集约化发展的必经途径 按照现代农业的发展方向，面对现代农业规模化、集约化发展的需要，传统小农经济下的单一农户各自为战的生产经营模式，已经显然不能适应发展趋势的需求。土地不能集中连片经营制约了机械化的普及；农民自有资金少，对现代农业设施建设的投入不足，影响了农田改良与产出；农户缺乏市场经济经验，难以有效开拓市场；市场话语权缺失，容易形成高产低价、提产减收等卖难现象；农民缺少自律性，农产品质量安全生产管理难度大等问题。从胡家镇绿展种养专业合作社的经验来看，建立在农户自愿联合基础上的集中经营，是解决上述诸多问题最有效的途径。

2. 互利共赢是维系合作经营的基础 胡家镇绿展种养专业合作社与农户之间的利益联结机制，充分优先考虑了农户的利益，从多角度考虑了农民收益的最大化，从而确保了农民参与合作社的热情与生产积极性。农民群众所需要的是看得见、摸得着、实实在在的收入增加和生活改善。满足了这点需求，农民专业化合作社才能真正具有凝聚力和不断向前发展的动力；背离了这一点，无论合作经营的形式有多新颖，如何创新都将最终注定失败。因此，不论进行“公司＋农户”“合作社＋农户”或“基地＋农户”等哪种模式的合作经营，首先要充分考虑农民的利益，把农民的收益放在首要位置加以考虑，让利于民。在实践中，不折不扣地执行协议，实现合作各方真正的共享、共赢。

3. 合作经营应积极照顾农村弱势群体 胡家镇绿展种养专业合作社对卢国祥、杨喜芳等困难群众的优先照顾，既解决了当事群众的燃眉之急和生活所需，同时又为企业在群众中树立了良好的形象，增强了合作社的感召力、凝聚力，形成了合作社长期发展的可靠基础。强强联合是合作经营的最理想状态，但面对农村现有的低收入困难群众群体，在发展合作经营时，应具备一定的社会责任感。对这部分人群的利益予以适当倾斜，从而体现我国社会主义制度的优越所在。

4. 发展的关键不在资源而在思路 胡家镇绿展种养专业合作社在发展的过程中，固然充分发挥了当地良好稻蟹共养产业优势，但成功的关键并不在于此，而是眼界的拓宽和发展思路的改变。稻蟹共养产业发展优势多年来一直存在，但始终未能被合作社所在地田家村充分开发和利用，资源优势并没有有效转化为经济优势。合作社以现代农业发展的理念来谋划农业产业的发展，通过兴建基地、拓宽市场等多种手段，迅速将这一产业优势放大，形成了农民致富增收的强力支撑。充分说明了在传统农业向现代农业转变的过程中，最先应该改变的不是现代农业技术和现代机械设备等应用层面的事物，而是传统农业观念向现代农业发展理念的蜕变。否则，资源始终是资源，不会有效转化为发展的资本，“抱着金饭碗要饭”的现象也会长期存在。

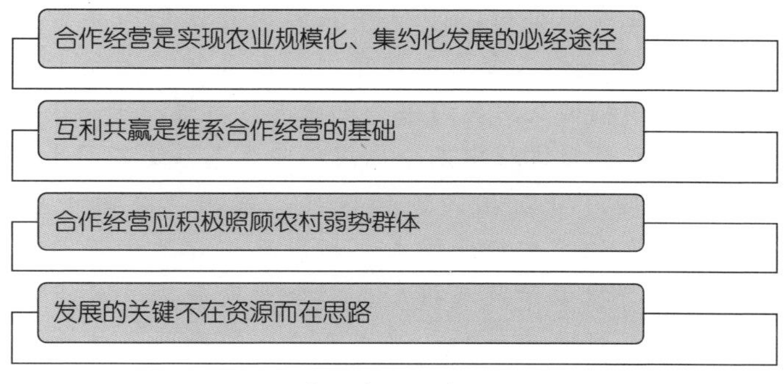

发展启示示意图

辽宁盘锦：盘锦光合蟹业有限公司

导语： 时光退回至1999年，一个农民企业家的一次头脑风暴，成就了一个企业，带动了一项产业，致富了千家万户。

盘锦光合蟹业有限公司，1999年在国内首创稻田养蟹技术，以此为基础，20年磨一剑，企业以国审河蟹新品种“光合1号”为核心，综合高效利用稻田及附属沟渠、池塘进行河蟹、中华小长臂虾等立体生态养殖，在养殖过程中充分应用稻田生态系统不同生态位的互补性，达到了水稻河蟹互相促进的效果。采用“公司＋农户＋基地＋科普服务站”的推广经营模式，利用单位资源优势，对优质高效的现代农业进行技术示范与推广。以企业发展为立足点，以带动农户创业、就业、增收为目的，建立产业化配套服务体系，实现了一地多用、一水多用。打造地标性生态品牌，进行品牌宣传建设，扩大盘锦稻蟹品牌在全国的影响力，带动农户提高销量，推进产业快速发展。

综合种养示范技术研究初期

示范区内商品河蟹

一、主体简介

盘锦光合蟹业有限公司坐落于辽宁省盘锦市辽河三角洲湿地中心，与红海滩国家风景廊道比邻。公司始建于1999年，是一家集提供水产优质苗种、生产、养殖、加工、销售、技术服务、科研、旅游于一体的民营科技企业。随着“中国好粮油”行动示范县和示范企业项目的推进，盘锦光合蟹业有限公司凭着良好的口碑与优质的服务，在业内脱颖而出，于2019年被国家粮食局评定为“中国好粮油”示范企业。

厂区俯瞰

企业办公楼

公司下辖1个研发中心、8个子（分）公司及多个合作养殖基地。优质健康的河蟹苗种培育面积400公顷、其他物种养殖面积13 000公顷，工厂化生产车间30 000立方米水体。经过多年潜心经营，公司先后被认定为辽宁省农业产业化重点龙头企业、国家高新技术企业、全国守合同重信用企业、全国科普示范基地、辽宁省博士后科研基地、省级技术研发中心及中小企业技术服务平台、国家级河蟹健康苗种繁育基地、国家级河蟹

示范区航拍

良种场、全国现代渔业种业示范场、农业农村部健康养殖示范场、全国稻渔综合种养示范基地、全国休闲渔业示范基地。公司拥有“东”牌、“蟹稻家”牌等多个自主品牌，其中“东”牌商标被评为中国驰名商标。

示范区资质

公司成立以来，在技术创新上取得了显著成绩，在国内首创稻田养蟹技术、河蟹生态育苗技术、海蜇工厂化育苗技术，目前盘锦光合蟹业公司共有40个项目通过了省市级科技鉴定，获得国家科技进步奖二等奖1项，农业农村部科技推广项目奖一等奖1项，省科技进步奖一等奖1项、二等奖5项，市厅级科技进步奖一、二等奖8项。

二、主要模式

（一）模式概括

企业采用“公司＋农户＋基地＋科普服务站”的推广经营模式，利用单位资源优势，对优质高效的现代农业进行技术示范与推广。以企业发展为立足点，以带动农户创业、就业、增收为目的，建立产业化配套服务体系。同时，在盘锦地区形成空间布局合理、环境保护良好、产销功能齐全、产业特色明显的渔业经济运行新格局。

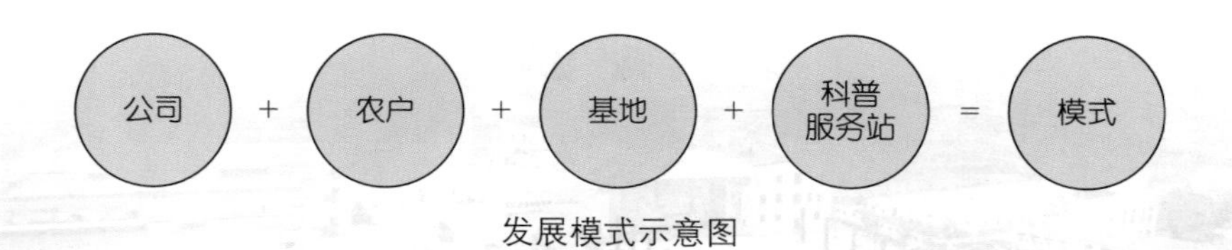

发展模式示意图

1. 成蟹订单养殖　企业为了建立与广大养殖农户良好的合作共赢关系，采取订单生产模式，委托农户按照企业养殖规范及技术要求进行综合种养，承担了企业部分成品河蟹养殖压力，解决了优质稻米供应来源，保障了农户养殖效益，实现企业与农户之间的互动。

2. 扣蟹回收　企业对优质苗种采购的养殖农户，按企业要求标准养殖的扣蟹，签订回收合同，同时也是企业对养殖农户产品的一种销售承诺。维护了产业市场的价格稳定及产品快速流通。

3. 示范养殖　企业为了提高优质苗种的覆盖率，提高河蟹养殖的技术含量，建立示范养殖区，配备专业技术人员进行项目指导，大幅度地提高了养殖的经济效益，促进了农民增收，加快了河蟹产业的发展。

成蟹订单养殖

委托农户按照企业养殖规范及技术要求进行综合种养

扣蟹回收

按企业要求标准养殖的扣蟹，签订回收合同

示范养殖

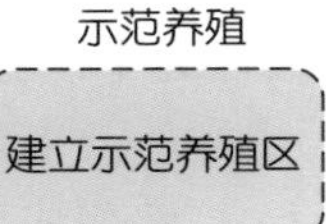

发展策略示意图

（二）发展策略

企业以与养殖农户生产经营共同发展为核心理念，打造利益共同体，实现企业发展带动地方产业发展。

盘锦光合蟹业有限公司作为全国河蟹苗种生产量最大的企业，通过组建科研团队进行生态蟹苗培育及养殖技术攻关，对苗种种源进行改良，从源头进行质量把控，保证了河蟹良种的供应，从而提高养殖效益，带动农

检测养殖水质

户增收致富，对盘锦河蟹产业发展起到了巨大的推动作用，创造了极大的社会效益。

建立“公司+农户+基地+科普服务站”的经营模式，组建技术服务团队，全程免费为农民提供技术指导、水质测定、鱼病检测等，普及水产方面的相关知识，进行高素质农民培训培育。

带动产业销售，建立多渠道销售模式。企业采取线上线下销售模式，线下组建销售团队，线上建立官方网站1个，并借助淘宝网、品质365、邮政微商城、盖象商城等电商平台进行销售。企业自主投入资金进行电商平台维护及产品销售宣传，并配置了专职维护及管理人员4名。搭建多方营销沟通平台，解决了产品销售的问题。为了适应基地网络电商平台建

网络平台销售

设，基地整合资源，融入基于“互联网+”的智慧化养殖，依托现有运行的农垦农产品质量追溯系统建设项目、现代渔业数字化与物联网技术示范基地建设项目，开展示范推广，逐步实现产品全程质量可追溯，保障电商产品质量安全及可持续发展。

（三）主要做法

企业以“产生态精品，福万户千家”为使命，立足于本地农业特色，将种植与水产养殖有机结合，构建稻渔共生互促系统的现代生态循环农业新模式。在1991年首创稻田养蟹模式，成为稻蟹综合种养技术研发的开拓者。现在，我国北方地区已经大面积推广，成为北方地区稻渔综合种养的重要模式。工作经验分享如下：

1. 创新田间工程建设 企业推广的技术模式中，养殖稻田需要进行田间工程改造，对原有田埂加高加固，防止河蟹挖洞逃跑并设置防逃隔膜。用于养殖扣蟹的稻田不设置养殖环沟，不占用稻田面积；成蟹养殖稻田中，由于现代机械化作业方式大规模推广，原有在稻田中设置养殖环沟的技术模式严重阻碍机械化作业，遭到了养殖户的抵制。为此，经过反复试验，取消了原有稻田中挖环沟方式，改为每个综合养殖单元设置暂养池，并充分利用上下水线，用于河蟹春季暂养和日常活动，并要求暂养池占用面积控制在养殖面积的8%以内。

综合种养示范区

2. **改革种养技术**　企业推广的稻蟹综合种养技术模式中，严禁使用含有有机磷成分的高毒农药，遇病虫害则采用生物制剂农药或者物理诱杀的办法。养殖过程中根据水稻生长情况适当调节河蟹进入稻田的时机，利用河蟹摄食稻田杂草和害虫，减少病虫害发作机会，大幅度地降低农药使用量。

蟹稻共生发展

示范区综合种养稻田在几年的运行中，只在稻田耙田期间少量使用封地药抑制稻田杂草。为了保证药效尽快失效，河蟹能够及时安全进入稻田，用药量为普通稻田使用量的30%。同时，养殖过程中不再使用其他农药，综合计算稻田总用药量为普通稻田用药量的20%左右。示范区综合种养稻田基肥改为使用有机肥；当秋季收割水稻时，将全部秸秆现场粉碎还田，翻田时埋入土层中以增加土壤肥力。根据试验数据和测算结果，河蟹养殖过程中产生的排泄物和残饵降解后可以基本满足水稻后期生长所需肥料。所以，后期追肥使用化肥量控制在10千克/亩以内。整体控制下，全程化肥使用量比水稻单作降低85%左右。

3. **严控品质安全**　为了保证养殖产品符合食品安全要求，在企业推广养殖技术的同时，也对订单农户及综合种养示范户进行产品质量安全培训并提出要求。遵照国家渔用药物使用规定，制定了严格的用药制度，种养全程不使用抗生素和违禁药物。养殖水质管理方面，首先利用稻田自我净化功能进行养殖污染物降解，同时按照技术管理要求措施全程应用生物制剂进行水质调控。通过严格的药物使用管理措施，保证了所生产的食品安全，为实现高品质安全产品提供了基础。养殖饲料管理方面，要求全程使用人工配合饲料，不使用冰鲜鱼投喂。同时，为了充分发挥稻田生态系统生产力，在养殖期适当减少饵料投喂量，并合理控制河蟹养殖密度，促使河蟹积极摄食稻田大量使用有机肥培养出的线虫、枝角类等天然饵料，以及稻田杂草等其他天然生物饵料。经过几年养殖数据分析，示范区综合种养稻田养殖河蟹的饲料系数平均在0.6，比池塘养殖降低50%。

4. **建立技术服务体系** 充分利用企业人才资源优势。利用企业博士后科研流动站、院士专家工作站、国家河蟹产业科技创新联盟等企业平台人才资源，组建河蟹育种与养殖科技创新团队及科普惠农服务队，强化科普惠农服务站功能，免费为农民提供技术指导、水质测定、鱼病检测等，普及水产方面的相关知识。为养殖户搭建提升养殖技术的平台，利用企业研发中心不同功能的实验室可进行不同养殖试验，更新养殖技术与理念，与现代科学养殖技术同步。

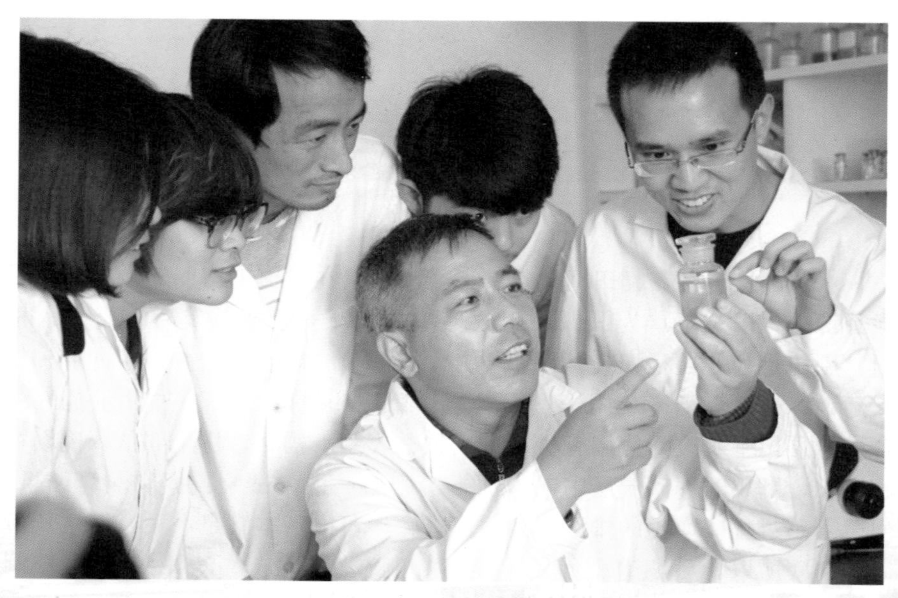

河蟹育种与养殖科技创新团队

5. **重视培训教育** 充分发挥企业水产科技人才作用，推行科技入户管理模式。从农闲开始，企业将组织专业技术人员对区（县）养殖户分期、分批次进行培训。实行技术员包村屯、包农户，为农户提供技术指导与服务。本着“实际、实用、实效”的原则，以县、镇、村养殖大户和科技示范户为重点培养对象。聘请联盟专家为养殖户开展技术培训、病害检测、各类下乡活动等措施，每年邀请相关领域专家，针对产业发展及养殖经验等方面进行学术交流，将新技术、新模式进行推广，从而使从业者整体素质提升。

培训采用集中培训、理论授课、现场教学、互动交流、参观学习、印发科技资料、田间地头现场传播、手把手示范指导、入户面授等多种方式，使接受培训人员掌握稻蟹综合种养模式的基本知识和相关技术。

养殖技术培训

2016—2018 年，企业共培育盘锦地区高素质农民 260 名，并顺利结业，培育其他省（市）高素质农民 83 名。近 3 年，培训本地养殖户及养殖技术人员 680 人次、外地养殖技术人员 100 人次。通过技术培训和服务，将盘锦区域内河蟹产业养殖技术水平和产品质量提高一个档次，提高河蟹养殖的技术含量。同时，提高了优质苗种的覆盖率，大幅度地提高养殖的经济效益，促进农民增收，加快河蟹产业的发展。

6. **实践教育设施建设**　水产养殖专业的应用性、实践性很强，对养殖学员的专业技能要求高，实践教学在人才培养中有着其他教学方式不可替代的地位。围绕河蟹文化、综合种养文化、绿色生产、生态修复与保护等理念，建设主题科学馆，将先进渔业技术科普及休闲渔业进行展示。同时，建设综合种养实践教学栈道，通过教学栈道的建设，让学员从看、

农技推广骨干培训

听、触等方面，近距离接触养殖品种，观摩养殖模式，实现实时观察养殖过程，能够真正领会培训中所学的知识，将理论与实践联系起来，从而加速提高养殖学员的专业素养提升。

7. **地标性生态品牌的打造** 依托盘锦地域特色优势，借助综合种养的生态特点，利用稻蟹共生互利的生态原理，企业进行地标性生态品牌打造。“东”牌河蟹注册于2001年，以个体健硕、味道鲜美、营养丰富等特点，以及回归自然的健康生态种养方式等优势，荣获辽宁省著名品牌及中国驰名商标。种养过程中，按照国家无公害技术标准执行，通过农业农村部农产品质量安全中心审定为无公害农产品。进行质量追溯体系建设，实现了河蟹从苗种、养殖、起捕、包装、运输到销售的全程可追溯，每一批产品都有自己的“追溯码”，实现了“生产有记录、流向可追踪、信息可查询、质量可追溯”的要求。“蟹稻家”牌蟹田米，是利用河蟹捉虫吃草为水稻松土除害施肥、水稻吸收其代谢产物为河蟹净化水质并提供避敌栖息场所，保证了河蟹的健康安全，全程不施化肥、农药。同时，选用世界上米质最好的丰锦稻种，采用国际最先进的生产线精心加工而成，营养全面，富含多种生物活性物质，蒸煮的米饭晶莹油润、筋滑甘醇口留余香，完整保留各种营养成分，完美呈现极致口感。

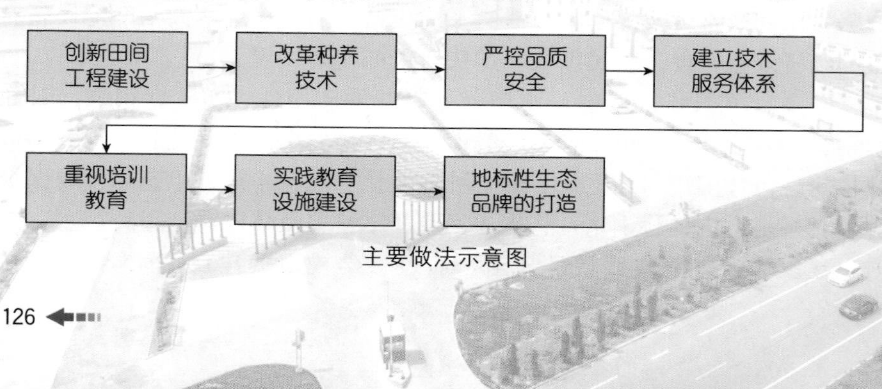

主要做法示意图

通过积极参与各种层次的品牌及产品的推介会，加大宣传力度，形成产品品牌溢价，现共建 6 个河蟹专卖店进行销售。同时，与 5 家网购平台签订协议，构建网上销售店。

参加产品推介会

三、利益联结机制

1. 企业采取订单销售方式进行生态蟹苗生产及销售　企业从 2005 年开始采取订单销售，按照订单量生产培育，保证了蟹苗质量。固定苗种单价，维持市场稳定。通过订单合同，在市场价格涨幅较大的情况下，稳定了蟹苗市场的价格，保障了养殖户的利益，维护了市场供需关系，促进了河蟹产业的稳定发展。

2. 科技创新，科普惠农　在蟹苗销售的基础上，企业投入大量资金，建立科普惠农服务站，组建技术服务团队，对养殖户的产品进行跟踪式技术指导，保证了河蟹产量，达到了最优的养殖效果，保证了企业供应客户的稳定，实现企业与养殖户共同发展的目的。

3. 对养殖产品进行收购，保证养殖效益　企业为保障养殖户养殖效益，在与农户签订购苗合同时，养殖户同步自愿签署了产品回收合同，制定了养殖产品的保底价制度。养殖农户按照公司制定的养殖技术标准进行养殖后，企业以高于市场 10%的价格回收，进行产品销售，实现双方共赢，企业保证了高品质货源，农户得到了较高的收益。

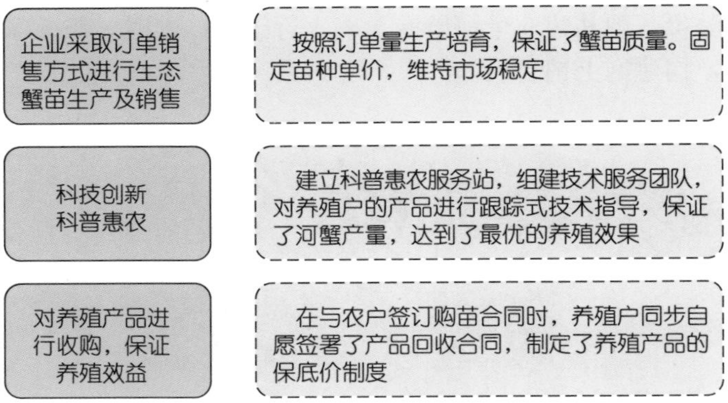

企业采取订单销售方式进行生态蟹苗生产及销售	按照订单量生产培育，保证了蟹苗质量。固定苗种单价，维持市场稳定
科技创新 科普惠农	建立科普惠农服务站，组建技术服务团队，对养殖户的产品进行跟踪式技术指导，保证了河蟹产量，达到了最优的养殖效果
对养殖产品进行收购，保证养殖效益	在与农户签订购苗合同时，养殖户同步自愿签署了产品回收合同，制定了养殖产品的保底价制度

利益联结机制示意图

四、主要成效

公司作为当地农业产业化龙头企业，河蟹扣蟹及成蟹养殖带动农户达15 000多户。近3年在辽宁、黑龙江、吉林、宁夏等地区进行了推广应用，根据调查回访结果，斤苗的扣蟹产量平均达到260斤，回捕率比普通苗种高出28%；同时，新品种优良特性得到养殖户普遍认可，冬储户收购积极，亩养殖效益比普通苗提高200元左右。应用面积累计275万亩，累计新增产值27.8亿元，新增利润14.7亿元。

在促进农民增产增收工作中，与沈阳水产技术推广站、盘山县水产技术推广站、大洼区水产技术推广站等单位合作，在沈阳、鞍山、盘锦进行了稻蟹虾综合种养技术推广示范，共推广新养殖模式500亩。试验站对河蟹养殖户开展了不同内容与规模的技术培训10余次，培训技术人员和养殖户近500人次；走访、指导养殖户700户，覆盖养殖面积6 500亩。

五、启示

在前期工作的基础上，对推广养殖技术模式进行跟踪回访，收集养殖数据，开拓技术推广新局面，扩大先进技术覆盖范围，推进现代种养业快速发展。

在技术推广过程中发现，大部分农户对养殖技术十分渴望，企业将充分利用企业平台人才资源，成立专业技术培训学校，充分发挥企业便利科研条件，搭建提升养殖技术的平台，为实现乡村“产业兴旺”助力。

盘锦光合蟹业公司将继续以“产生态精品，福万户千家”为使命，以成为提供优质水产苗种、食品和技术服务的顶级企业为愿景，不断带动农户增收致富，将以湿地水生动物种群的育、繁及高效养殖集成技术为主要研究方向，为水产行业的健康持续发展作出积极的贡献。

吉林辽源：吉林有道现代农业有限公司

导语：纪丽威，1982 年 9 月生，吉林省辽源市人，中共党员。

纪丽威

纪丽威 2010 年回乡创业建立肉鸡养殖场，2011 年成立辽源市西安区元丰种植养殖专业合作社。2013 年 9 月注册成立了吉林有道现代农业有限公司，以“原生态、绿色、环保”为企业的发展理念，实现“从田间到餐桌”的新鲜直达。她在绿色生态养鸡方面开辟出一条新路——养殖林下“蚯蚓蛋鸡”，形成养鸡-鸡粪发酵-养殖蚯蚓-蚯蚓喂鸡-鸡下蛋的生态循环养殖产业链。2015 年开始进入互联网平台销售，注册“两只母鸡”品牌，在短短几年内积累的年卡会员近万人，零售用户单次购买数超过 10 万余次。2017 年，初步建设占地 26 400 平方米的田园综合体项目——那里庄园，打造出一个以“自然、绿色、生态、环保”为主题的原生态乡村休闲度假庄园。

养鸡-鸡粪发酵-养殖蚯蚓-蚯蚓喂鸡-鸡下蛋的生态循环养殖产业链 → 2015年开始进入互联网平台销售，注册“两只母鸡”品牌，在短短几年内积累的年卡会员近万人 → 2017年，初步建设占地26 400平方米的田园综合体项目——那里庄园

产业发展示意图

一、主体简介

吉林有道现代农业有限公司成立于 2013 年 9 月，注册资金2 000万元，是专业从事养殖、种植，农产品生产、加工、销售于一体的综合性农业公司。公司成立以来，努力打造自己的专属品牌，为大众提供安全、放心的食材，在农户和消费者群体中树立了良好的形象。

随着畜牧业的快速发展，带来的一个严重问题就是畜粪污染。公司采用生物降解的办法来处理粪污，“蚯蚓养殖循环生态农业”的概念被吉林有道现代农业有限公司在省内首先提出并试验成功，向市场投放名为“蚯蚓蛋”的高端鸡蛋，市场反映良好，实现了“养鸡-鸡粪发酵-养殖蚯蚓-蚯蚓喂鸡-鸡下蛋”的生态循环养殖产业链。

在销售方面，公司在电商销售的尝试上取得了很好的成效。至 2019 年初，已积累了将近 1 万个年卡用户，零售用户单次购买数超过 10 万余次。

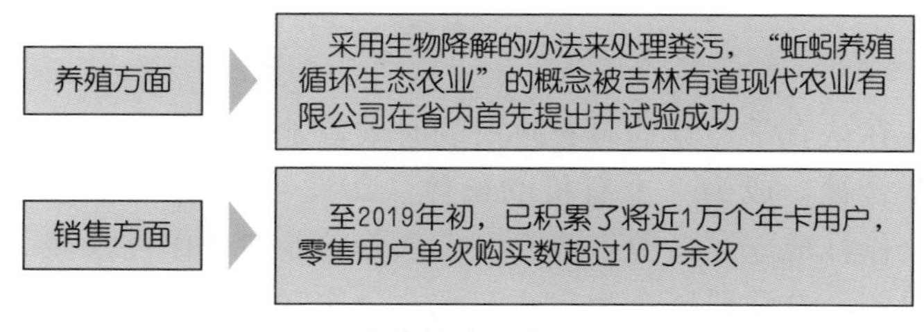

主体简介示意图

随着消费者消费理念的升级，人们对绿色、无污染、健康的原生态农业认可度非常高，市场需求量巨大。2017 年，吉林有道现代农业有限公司投资建设以“自然、绿色、生态、环保”为主题的乡村休闲度假庄园——那里庄园。目前，那里庄园完成建设 26 400 平方米、温室大棚 6 座，收益良好。

放眼未来，吉林有道现代农业有限公司在政府、各级领导的关心和支持下，以坚定的信念沿着有机生态农业之路砥砺前行。

二、主要模式

2011 年 8 月，辽源市西安区元丰种植养殖专业合作社正式注册成立，注册资金为 190 万元。该社现有入社农户 76 户，从业人员 190 多人。合作社成立以来，以科技发展、带动农民致富为目标，把肉鸡养殖推向辽源市养殖业的高端，带动辽源周边农民增收，实现农民自主创业。元丰种植养殖专业合作社是以“合作社＋养殖基地＋农户”为基础，实现了产、供、销“五统一”，即统一购雏、统一技术指导、统一防疫、统一饲料供应、统一销售。通过合作组织把分散经营与市场有机结合起来，从品种、资金、信息、技术、销售上实行资源共享，增强了肉鸡养殖户抵御疫病以及市场风险的能力，使肉鸡养殖产业化、标准化、规模化。辽源市西安区元丰种植养殖专业合作社在各级党委、政府和有关部门的支持下，肉鸡养殖得到了快速发展，成为农民增收致富的热门产业。

肉鸡养殖

纪丽威在认真学习党的惠农政策的时候，她了解到单一的合作社可以发展成为联合社，成为一个有机的整体。2013 年 8 月，纪丽威联合了周边的 4 家合作社成立了辽源市西安区有邻养殖专业合作社联社。各合作社均以实物投资，总注册资金为 510 万元。合作联社自建标准化养殖示范基地，统一管理，以生态养殖、科技创新为动力，以服务成员、惠农到户为宗旨，实行农业生产资料购销、标准化生产、培训品种引进及推广、质量管理、品牌、产品销售、风险保障、盈余分配“八统一”的管理模式，提高农民经营参与度，带动农民增收致富。联合社共带动养殖社员 200 户，户均年收入达到 5 万元。

（一）养殖离不开技术，增收离不开创新

随着辽源市养殖业的发展，快速发展的规模化养殖带来的一个严重问题就是畜粪污染。通过学习，纪丽威掌握了用生物降解的办法来处理垃圾。据此，“蚯蚓养殖循环生态农业”的概念在省内首先提出并试验。经过几年的积累与创新，纪丽威在绿色生态养鸡上开辟出一条新路。目前，“大平二号”和“大平三号”蚯蚓的引种、繁育已经成功，并且向市场投放了名为“蚯蚓蛋”的高端鸡蛋，市场反映良好。实现了“养鸡-鸡粪发酵-养殖蚯蚓-蚯蚓喂鸡-鸡下蛋”的良性生态循环。

养殖林下“蚯蚓蛋鸡”形成的生态循环养殖产业链，增加了鸡蛋的口

蚯蚓养殖

感，提高了营养和附加值。为了更好地推广销售“蚯蚓蛋”，纪丽威开始利用互联网寻找商机。为了方便在网络销售，于2013年9月成立了吉林有道现代农业有限公司，公司注册资金2 000万元，是专业从事养殖、种植，农产品生产、加工、销售于一体的农业综合企业。其旗下拥有辽源市西安区林泉牧业养殖场、辽源市西安区元丰种植养殖专业合作社、辽源市西安区有邻养殖专业合作社联社。公司以“原生态、绿色、环保”为发展理念，以诚信立本、客户致上为经营方针，以多渠道、多品种为企业营利点，在经营模式上实现“从田间到餐桌”的新鲜直达。从2015年8月开始进入互联网平台销售，目前已经在6个互联网平台开办网店，短短5个月就销售了200多万元，仅微店、淘宝网店就销售160多万元。除了自营平台之外，还积极与其他著名电子商务平台进行合作，与6688平台签订了为期一年的合同。截至目前，销售稳步增长，还与京东、天涯农场等平台达成了合作意向。同时，也尝试了与消费者群体进行直接接触，如与北京的团购微信群以及深圳的房地产公司等对接均取得了良好的效果。通过以上这些电商平台以及团购渠道，在5个月内，就积累了1 600个年卡用户以及6 000多个零售用户。

公司成立以来，在市委、市政府，区委、区政府等各级领导的关心支持下，着力于建设辽源市养殖、种植，农产品的生产、加工、销售于一体的综合性企业，努力打造自己的专属品牌——“两只母鸡”。公司在生产

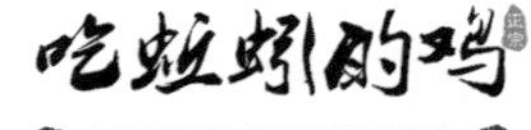

每天下午四点拣走母鸡产下的鸡蛋，
第二天快递发给客户。

电子商务平台

过程中始终致力于纯天然、原生态、无公害农副产品的全产业链集团化运作，把原生态、绿色环保的概念放在首位，坚持销售正牌产品。信守承诺、注重质量，为大众提供安全、放心食材，享受优质、健康的高品质生活。走可持续发展之路，在农户和消费者群体中树立了良好形象。公司领导带领全体员工在开拓中进取、在工作中创新，加强业务学习与管理，建立以农业为主线、多样化发展的经营策略。在经营、销售模式上采取线上线下一起抓，实现销售渠道的多元化，力争最大限度地占有市场份额。

吉林有道现代农业有限公司的经营管理模式可以总结如下：

1. **建立生态农业发展模式，打造有机健康食品**　在组织生产过程中，运用了生态畜牧业循环经济生产技术模式，实现了饲料基地、养殖生物环境控制、畜牧业粪便循环利用。牛粪、鸡粪发酵后用来养殖蚯蚓，蚯蚓繁殖快，蛋白质含量高，是鸡的蛋白饲料，还可以消除垃圾、减轻环境污染、改良土壤，蚯蚓产生的粪便又为种植玉米提供了良好的有机肥。玉米作为绿色饲料用于喂牛和喂鸡，保证了农产品生产质量。林下鸡蛋已通过有机食品认证。

2. 运用互联网技术，产品销往全国　从B2C经营模式正式开始。在6688、淘宝、京东、天涯农场等6个互联网平台开办网店，并通过网络，全程透明地展示产品种植、养殖、培育、加工、包装、配送的全过程，让消费者看到产品的整个生命周期。打造“两只母鸡”品牌，产品销往北京、上海、广州、深圳等城市，成功借助网络平台把“蚯蚓蛋”卖到全国各地。

3. 精选营销策略，满足消费者

（1）保证了产品质量。在项目产品的整个生命周期内，确保产品符合质量标准和消费者购买需求。

（2）便捷快速的购买方式。利用顺丰快递，保证产品24小时内送到消费者手中。

（3）产品定位上，主打文化牌、生态牌、健康牌，紧扣目标消费群体，打造一个独有的、具有不可复制特性的深山奇珍。

（4）在价值定位上，确定为高端销售产品，最大限度地提升产品的附加值。

（5）在产品包装上，依据销售的渠道和目标群体定制化塑造，形成具有人文气息和品牌故事的识别系统。

（6）在品牌推广上，以故事为纽带，以文化为核心，运用网络现代传播方式，立体、生动地展示“舌尖上的味道”。

（二）迎合市场需求，打造田园综合体

近年来，社会主义新农村建设、美丽乡村建设极大地提高了农村的基础建设和生态环境。随着消费者消费理念的升级，人们对绿色、无污染、健康的原生态农业认可度非常高，市场需求量巨大。2017年，吉林有道现代农业有限公司投资建设以“自然、绿色、生态、环保”为主题的原生态乡村休闲度假庄园，让青山绿水、耕田如画的原始印记慢慢地重新回到人们的视野。十亩熟田，半庭土鸡；农家庭院，田园风光。除了丰富的地理资源，城里人向往追求的农家田园生活其实本身就是一种可以有效开发的旅游资源。田园综合体以美丽乡村和产业发展为基础，可以扩展农业的多功能性，实现田园生产、田园生活、田园生态的有机统一，以及一二三产业的深度融合。田园综合体——那里庄园便是在这个大背景下实现的畅想。那里庄园把原生态、绿色、安全、健康放在第一位，让大家在节假日的时候，带上家人一起体验一下久违了的、纯正的乡土气息，吃上健康的、鲜美的、各式各样的水果，感受乡村的清新自然，品味瓜果飘香！

那里庄园

具体措施：

1. 在原有基础上，科学合理地进行适度农业生产开发。本着综合配套、集约利用的原则，集中连片开展高标准农田建设，加强那里庄园田园综合体区域内“田园+农村”基础设施建设，整合资金完善供电、通信、污水垃圾处理、游客集散、消防安全、公共服务等配套设施条件。

2. 重点突出那里庄园“生态、循环、自然、农业”的根本要素，围绕田园资源和循环现代农业特色，做大做强特色优势主导产业，推动土地规模化利用和三产融合发展；逐步发展创意农业，利用“旅游+”“生态+”等模式，开发农业多功能性，推进农业产业与旅游、教育、文化、康养等产业深度融合。

3. 以合作社为经营主体，进一步通过土地流转、股份合作、代耕代种、土地托管等方式促进农业适度规模经营，增加农业效益。同时，慢慢将小农户生产、生活引入现代农业农村发展轨道，带动区域内农民可支配收入持续稳定增长。

4. 树立“绿水青山就是金山银山”的生态观念，积极发展循环农业，保证乡村生态持续永续。

5. 加强与当地政府协作，发挥政策引领作用，确保相关政策落实。

目前，田园综合体项目——那里庄园完成建设 26 400 平方米、温室大棚 6 座，每座大棚占地 1 000 平方米，种植的品种有草莓、香瓜、小柿子、大樱桃和各种有机蔬菜、景观盆栽等。

三、利益联结机制

为满足生产经营和管理的需要，吉林有道现代农业有限公司采用“公司＋合作社＋农户”的利益联结方式组织基地生产，产业化发展状况良好。在这种合作方式下，公司与农户预先签订农产品产销合同，农户按公司要求生产农产品，并按照合同规定的价格卖给企业，而合同价格普遍高于农产品市场价格，给农民带来了实惠。一方面，公司制定了最低收购保护价，“订单农产品”价格随市场价格变化而变化，但不会低于最低保护价和平均市场价。如遇特殊情况导致农产品市场价格大幅下降，公司收购农产品价格仍会以最低保护价为准，切实维护了农户的经济利益；另一方面，农户严格按照合同规定为公司提供符合农产品生产标准的生产原料，保证公司的正常运转。通过标准化基地生产很好地解决了农产品“卖难”问题，拓宽了农产品与市场对接渠道，有利于农民增收，同时公司也有了稳定的生产原料来源。通过公司可靠、稳定的利益联结机制，共带动农户200余户。

另外，吉林有道现代农业有限公司投资建设的田园综合体——那里庄园，按照专业化、规模化、标准化的要求，雇请周边的农户从事管理和生产，安排了农民工再就业。农民以劳务的形式获取利益，带动就业人数200人，拉动了种植业、养殖业、包装业、纸箱业、运输业等相关产业发展。

四、主要成效

1. 经济效益　辽源市西安区元丰种植养殖专业合作社通过林下散养土鸡的饲养，可实现年销售额800多万元，带动76户社员直接就业，平均每户每年收入5万元，合作社每年获得利润约130万元，同时也带动和辐射其他相关行业的发展，从业人员大约200人。

田园综合体——那里庄园建设温室大棚6座，种植的品种有草莓、香瓜、小柿子、大樱桃和各种有机蔬菜、景观盆栽等。目前，6座大棚每年可获净利42万元左右，带动农村务工人员20余名，每人每年可增收3万元，经济效益良好。

2. 社会效益　通过合作社统一调配和管理，实现了合作共赢，带动农民共同致富。以市场为主体帮助周边群众发展养殖、种植和销售产品，给周边农民就地就近创业、就业带来了便利，同时也带动了其他产业的发展，解决了农村富余劳动力和失地农民就业难问题，实现了农户与企业双赢。在互利互惠基础上，把生产、加工、销售有机结合在一起，有效地解决了当地农民工就业难问题，增加了集体积累，改变了农村环境，增加了农民收入，对进一步推动地方经济的发展、更好地促进社会繁荣稳定发挥着积极作用。

3. **生态效益** 合作社已建起40亩地的蚯蚓养殖基地，年处理畜禽粪便和秸秆8 000吨，可生产600吨蚯蚓粪。既避免了畜禽粪便污染环境、秸秆焚烧污染空气，又产生大量优质有机肥蚯蚓粪可直接还田，培肥地力。这是典型的生态循环农业模式，生态效益好。

那里庄园建成之后，是一个集现代农业、乡村旅游、休闲度假、健康养生、绿色餐饮、科普教育于一体的田园综合体。同时，也是一个以“自然、绿色、生态、环保”为主题的生态乡村休闲度假庄园，极大地提高了农村的基础设施建设，改善了农村的生态环境，生态效益良好。

五、启示

生态农业是指在保护、改善农业生态环境的前提下，遵循生态学、生态经济学规律，运用系统工程方法和现代科学技术，集约化经营的农业发展模式。科技的进步提高了现代农业的生产效率，满足了人们日见增多的物质需求，但也造成了生态危机——土壤污染加剧，化肥农药使用率上升，环境问题突出。

面对上述问题，生态农业发展成为趋势。

农场注重养殖业与种植业之间（在饲料、肥料等方面）的相互促进与相互协调关系。养殖场的动物粪便转化成有机肥归还农田，既防止环境污染，又提高了土壤的肥力。

随着科学技术水平的不断提升，生态农业的模式也应有所增加。这样更有利于加速我国生态农业的发展。在这方面，就需要农业企业去探寻，在实践中找到适合我国发展的更多的生态农业发展模式，助力我国经济的发展。

另外，生态农业也需要品牌打造。农业企业应实施生态品牌培育工程，重点依托地理标志产品和特色产品，打造地方生态农业品牌，以品牌赢得市场，以市场引领消费。

我国生态农业的发展虽有国外经验可借鉴，但在借鉴的同时，要结合我国的现状，取其精华，弃其糟粕。

总之，中国生态农业的发展之路依旧漫长。虽然道路是曲折的，但是前途一定是光明的！

上海奉贤：腾达兔业专业合作社

导语： 来到上海腾达兔业专业合作社，首先映入眼帘的是一大片网格化的稻田，沟、渠、路、林配套有序，已有半人高的稻子长势平整、粗壮。中心道路两侧设有行人步道和太阳能路灯。不远处是一排排养兔房，房顶上都装有太阳能光伏板。从兔房墙边走过时，几乎闻不到兔粪的异臭味。日本、以色列、美国和我国上海医药企业的4家医药动物实验室就设在这里。该合作社就是远近闻名的种养结合、绿色循环生态农业发展的一个先进典型。

“要办好一个合作社，离不开政策的支持，但合作社也要有迎难而上、知难而进、敢想敢干的劲头。”理事长金伟丰深有感触地说。该合作社在发展过程中，先后遇到了产品档次不高影响效益提升、兔粪处理跟不上影响环境质量、电力供应不足影响生产等发展瓶颈。金伟丰带领他的团队以发展现代农业为己任，大胆闯，大胆试，终于使“难题”变为“机遇”，开创了拓展两个市场、提升养兔效益、变废为宝循环发展、用绿色能源生产绿色农产品、产加销一体化发展的新模式，从而使小白兔产业越做越优、越做越强。

一、主体简介

腾达兔业专业合作社坐落在上海市奉贤区庄行镇新叶村，2019年才43岁的理事长金伟丰是土生土长的新叶村人，他还是上海奉贤辉煌兔业养殖场、上海庄良山羊养殖场、上海群超农副产品产销专业合作社的“掌门人”。

当年，金伟丰从两间茅草屋养兔起步，经过20多年的创业发展，如今除了养兔，还养羊、种水稻，形成了“草-兔-稻”生态种养结合、循环发展模式。现全场总面积达500余亩，其中养殖区占地15 000平方米，种兔房3栋，种兔存栏3 000多只，育成兔房12栋，总笼位15 000多只，年产商品兔8万余只，年销售医用实验兔5万余只。

种植区种植的400余亩水稻，全部施用兔粪、蚯蚓粪作为有机肥，在整个水稻生长期内不施一点化肥、不喷一滴农药，年产100余吨优质大米深受广大消费者青睐，被市农业委员会列为“上海新大米”生产基地。

与2016年相比，2018年全场主营业务收入增长36.2%，主营业务利润增长26.4%。

合作社多次被列为上海市农民专业合作社示范社，"群超"牌大米被中国绿色食品发展中心列为绿色食品。金伟丰先后获奉贤区五四奖章、十佳高素质农民、全国农村百佳创业创新奖等荣誉称号。

二、发展理念、发展模式和做法

1. 瞄准两个市场，稳定养兔规模 经过前期10多年的实践，金伟丰悟出一个道理：就传统养兔业来说，扩大一定的养殖规模是必要的，可以积累一点发展再生产的资金。但不考虑劳动力、技术、资金、市场的优化组合，一味扩大规模也会对农业资源造成浪费。他在稳定养殖规模的基础上，着重规范饲养管理，采用新技术，向国内外市场进军。

也许是因为父亲在上海生物制品研究所工作的缘故，金伟丰小时候经常到父亲单位基地，近距离接触用于实验的小动物，就此与饲养兔子结下不解之缘。18岁开始，正式踏入兔子养殖行业。2000年，金伟丰响应政府"万家富工程"号召建起兔场，饲养800只种兔，年繁育肉兔24 000多只。

2000—2007年这段时间，广泛发动800多户农户养兔，年收购和销售兔子30多万只。在扩大养殖规模的同时，也出现了养殖技术培训跟不上、兔种退化、兔粪处理等问题，在兔子收购和销售方面也出现了无序竞争，一度使传统养兔业跌入低谷。

出路到底在哪里，一条医学实验用兔的重要信息让金伟丰精神为之一振：医学实验用兔就是医药院校教学解剖、药厂临床试验、药品检测、生物制剂研制等原料用兔，在国内外市场广阔，但因为饲养标准要求高，国内缺乏规模化、标准化养兔场，因此货源紧俏，医学实验用兔的出口更是少之又少。

金伟丰敏锐地抓住了这一市场契机。2008年，他从中国科学院实验动物繁育中心引进优良品种，精心选育扩群，第二年就取得上海市实验动物生产许可证。在市、区财政的资金扶持下，金伟丰先后投入8 000万元，把原有兔场改扩建成现代化国家级标准化医学实验用兔繁育场。此后，他的养殖场先后取得上海市实验动物使用许可证、非食用性动物出口注册证等。敢想敢做的金伟丰通过与国外实验动物需求者接触沟通，将目标瞄准了大洋彼岸。他组织研发航空运输笼具，2012年，首批实验兔以超高的成活率成功跳出国门、出口至日本。从此，他的养殖场进入国内外实验动物需求者的视野，并积累了稳定的客户群，兔业养殖走上了正轨。日本、以色列、美国以及我国上海的医药企业，先后在合作社开设医药动物实验室，养殖效益迅速提升。

同时，兔场的饲养管理跃上新台阶。每个兔房的双层阶梯式兔笼都是采用优质不锈钢材料制成的，既耐用又卫生。兔房都建有中央空调系统，让兔子在恒温恒湿的环境中生长。清粪传输有自动感应系统，机器人帮助兔子饮水、喂料。兔房内还建有氨氮、二氧化碳浓度检测系统，饲养管理的各个环节都有详细记录，从而保证每批兔子都达到医用实验标准。

如今，该合作社是目前上海地区唯一的标准化养兔场，专业从事新西兰白兔和日本大耳白兔的选育及商品兔的饲养，年存栏种兔稳定在 3 000 余只，年产商品兔稳定在 8 万余只，年销售医用实验兔稳定在 5 万余只。

2. 变废为宝、循环利用促发展　随着兔子饲养量的增加，兔粪也迅速增多，年产生兔粪四五百吨。起初，兔场将兔粪统一堆放在大棚里，村里的农民谁家要用有机肥都免费提供，但有的村民将兔粪运回家后没有及时施入田中，而是堆放在路边、场头，任其发酵，臭味难闻影响环境。同时，因兔粪酸性较大，直接施入田中也会影响土质和作物生长。有人建议把兔粪制成有机肥料卖掉可增加一笔收入。可金伟丰则盘算着，如何让兔粪带来更大的经济效益和生态效益。

5 年前，金伟丰陆续将养殖场周围的 400 多亩承包地流转过来，开始种植水稻以消化兔粪。他在养兔场旁边盖了 3 间存放兔粪的大棚，将兔粪混合粉碎二次发酵后养殖蚯蚓，再用蚯蚓产生的蚯蚓粪作为有机肥料种植水稻，使稻田养分充足，无需化肥，稻米质量优、口感好。

水稻收割后，利用水稻茬口空隙，种植兔子爱吃的苜蓿草。土质肥沃的水稻田给苜蓿草提供了良好的生长环境，收获的牧草不但可以自家兔子吃，多余的还能销售给其他合作社。

这样，兔粪的烦恼没有了，“草-兔-蚯蚓-稻”循环生产模式，收益自然比单一养兔要高出许多。合作社种植、加工的群超牌大米 20 元 1 斤仍广受欢迎和好评，还应邀参加了在上海举办的中国国际食品展览会。

种植黑麦草需肥量很大，合作社充分发挥兔粪肥多的优势，又在奉贤区首次大规模种植黑麦草这一绿肥新品种。黑麦草生长快、产量高，是兔、羊的理想饲料，从水稻收割到播种的茬口空隙期可收割3～4 茬，还可作为绿肥肥田种粮。种植黑麦草还有效抑制了水稻田间杂草生长，起到以草治草的良好效果。

为保证绿色生态农产品生产安全，金伟丰在稻田四周开挖蓄水沟，建立兔、鱼、稻全封闭内循环智能系统，切断外河水中残留化肥、农药的流入。同时，完善内部废污水处理，把兔粪尿和清洗兔笼的污水全都利用起来，兔舍产生的污废水经兔房外的干湿分离装置、排水管网与场内污水达标处理站相连，日处理量达 50 吨，再将达标处理水用于灌溉农作物。

农场生态循环系统的形成，既有利于土壤修复，以动物粪污还田替代化肥使用，又有利于降低种植成本，保障兔、羊鲜草饲料供应，还有利于提高种植效益，保证农产品食用安全，真是一举多得。

3. **用绿色能源生产绿色农产品** 近年来，随着该合作社养殖设施不断完善和经营项目的增加，供电部门额定的用电量已不能满足农牧业生产需求。在电力不足的情况下，兔场只能采取调高兔房空调温度、减少进出兔房次数的办法，在一定程度上影响到兔子的正常生长。在稻谷烘干和稻米加工高峰期，电力更是紧张。遇到暂时断电，金伟丰急得心都要跳出来了。

金伟丰权衡再三，决定采取长痛不如短痛的办法，安装太阳能光伏板自己发电。2017 年一期工程投资 180 多万元，在 8 栋兔房顶上安装了 153 千瓦装机容量的太阳能光伏板，年发电 21 万千瓦，主要用于兔房空调，当年就投入使用。

2018 年，金伟丰制定申报了“规模兔场废弃物资源利用与美丽牧场建设项目”，准备实施二期新能源项目、推广有机质育秧新技术、立体种植蔬菜、建喷灌设施等，以减少土地利用，节约水资源，这一项目得到了上级农业管理部门的扶持和支持。项目总投资达 2 800 万元，其中合作社需要拿出一半配套资金，金伟丰毫不犹豫地向银行贷款 1 000 万元。金伟丰在 4 栋蔬菜大棚屋顶安装了 830 千瓦装机容量的太阳能光伏板，主要用于大棚中央空调、作物补光灯、污水处理、冷库等。

二期太阳能项目于 2019 年 10 月建成，投入使用后，不仅能满足整个农牧场用电需求，还节省了一大笔开支。一期太阳能项目使用后，月电费支出由原来的 3 万多元一下子减少到 3 000 多元。二期项目年可减少 440 吨标准煤消耗，减少二氧化碳排放 1 085 吨。更重要的是，合作社用上了绿色清洁能源，并用绿色能源生产蔬菜等绿色农产品。

为了尽快收回投资，金伟丰还组建了太阳能运行维护专业队伍，把使用成本降到最低，别人一般要用 7 年收回投资，金伟丰计划 5 年收回。

4. **“产加销一体化”增效益、铸品牌** 流转承包了 400 多亩粮田后，金伟丰就一直琢磨着怎样让老百姓吃到小时候吃的米饭的味道。他在征求合作社社员意见后，花大力气得到一个水稻品种——沪粳 1 号，并取得种子生产许可证。从此，合作社招兵买马成立了水稻研发团队，在水稻田建立全封闭内循环智能系统，确保无化肥农药残留。采用农田水位控制装置，保水又节水，又由于在茬口空隙种草，有效抑制草害发生，从而达到生态种植。

合作社在市、区农业技术推广中心的指导帮助下，使水稻比市场提早一个半月成熟收割，一般都在国庆节前收割上市，人称国庆“上海新大米”。产量稍低于单季晚稻，亩产稻谷750斤左右，加工精品大米300多斤，每斤售价20元。把筛下来的小粒米、半粒米有的加工成年糕，有的制成炒米粉销售。同时，合作社每年种植再生稻200亩，亩产大米70多斤，米质更优，售价更高。每当国庆新大米集中展销活动期间，金伟丰连续几周调集人员和车辆，带领社员加班加点进行包装、运送，把新大米及时送到百联集团旗下联华股份的43家标准超市和10家大卖场。合作社还积极探索虾稻、鳖稻、蟹稻、鱼稻种养结合模式，积累经验，提高经济收入。兔粪加砻糠制成的有机质代替泥土育秧已初获成功。

合作社不但有配套齐全的农机设备，还有稻谷烘干、碾米机、色选机、真空包装机、冷库等，稻谷低温保鲜，难怪有人说：“在这家合作社一年四季可吃到新大米。”

在兔子养殖中，每年做到自繁自养。成兔除出口日本用于医药实验、供场内的4家国内外医药动物实验室开展实验外，金伟丰还自建了一个动物实验室，组织技术人员给兔子抽血，然后冻干制成粉销往市场。目前，合作社圈栏种羊600多只，年产肉羊2 000余只，养羊产加销“一条龙”正在积极筹建中。

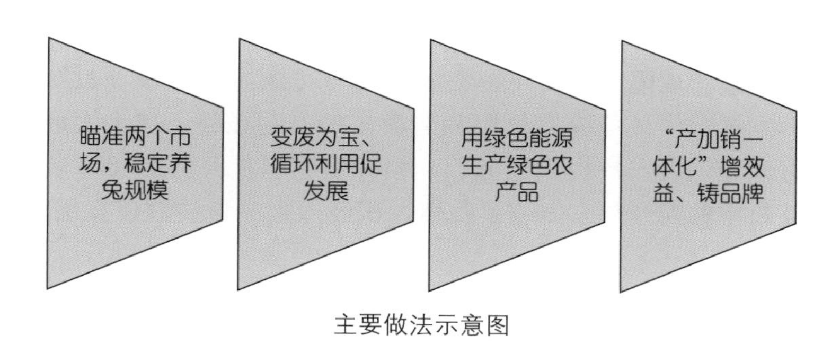

主要做法示意图

三、带动农民增收

“村民们看着我长大、帮着我创业，如今合作社有了一定规模，不应忘记村民群众，要感谢党的好政策。”金伟丰常这样说。他做的一桩桩、一件件好事实事，村民们都记在心里。

2000—2008年，他自己养兔，还带动庄行、柘林、新寺、金汇、泰日、青村等8个乡镇800多农户养兔，通过“农民田头学校”等给兔农作技术指导，年收购销售的 30 万只兔子，70%～80%是来自兔农的。如今，仍带着 40 多户农户、30 多个社员养兔，帮助给兔子打疫苗，每两年更换一次种兔，进行跟踪指导，收购他们的兔子。在江苏、山东，他还带动着上百户农户养兔增收。

现在，合作社拥有拖拉机、插秧机、收割机等 26 台套农机具，为 20 多家种粮大户提供“保姆式”服务：育秧、收割、烘干、碾米、出售稻谷等。金伟丰在自己稻田里探索虾稻、鳖稻、蟹稻、鱼稻等多种种养结合模式，总结积累经验，区农业技术推广中心多次在这家合作社召开现场会推广，为农户提供适合自己发展的种养模式。

每年国庆新大米一出来，金伟丰第一个想到的是给本村每个 60 岁以上老人送上 10 斤新大米，老人们吃在嘴里喜在心头。

合作社为当地农民提供了 42 个就业岗位，给 22 名社员缴了社保金，平均每人每月 1 800 多元，时间最长的已缴了 10 多年，从而消除了他们的后顾之忧。

四、发展展望

“搞农业是很辛苦，但还是很值得做。如果大家都不想做，那我们吃什么呢！”金伟丰就是胸怀着这样一种质朴的情感，在农业创业创新的路途上越走越远、越走越有劲。一幅更加美丽的农牧场蓝图也越来越清晰地展现在他的脑海之中。

金伟丰趁“规模兔场废弃物资源利用与美丽牧场建设项目”实施之机，充分发挥合作社兔粪有机肥和砻糠多的有利条件，扩大大棚育秧面积，更好地为广大农户提供服务，计划育秧面积扩大到 20 000 亩。在育秧大棚茬口空隙期开展立体蔬菜种植，积极探索高科技农业发展新模式、新途径。

在种养结合实践中，金伟丰发现随着农业生态环境的改善，白鹭等鸟类多了起来，稻田里放养的小鱼、小虾被鸟吃掉不少，再则稻田捕捉鱼虾也很费劳动力。由此，他想到了借鉴网箱养鱼技术。在大棚旁边挖个水塘，并与稻田相通，尝试用不锈钢网制成水箱养虾、养蟹、养鱼。这样可为鱼虾提供丰富的饲料，又便于饲养管理和观赏。

如今，在这个农牧场已集中了许多先进的农业装备和设施，种养业的技术管理均已达到一定水平。金伟丰计划把农牧场打造成农业科普基地，开展农耕体验活动，让广大青少年接受农业科普教育，还要开发民宿等农业旅游项目，把农牧场打造成一个现代都市农业观光旅游景点。

充分发挥合作社兔粪有机肥和砻糠多的有利条件，扩大大棚育秧面积，为广大农户提供服务，计划育秧面积扩大到20 000亩	合作社计划把农牧场打造成农业科普基地，开展农耕体验活动，鼓励广大青少年接受农业科普教育，开发民宿等农业旅游项目	用不锈钢网制成水箱养虾、养蟹、养鱼，为鱼虾提供丰富的饲料，又便于饲养管理和观赏

发展展望示意图

五、启示

搞农业投资经营千万不要有急功近利的想法。金伟丰始终认为，农业是一个投入大且产出回报慢的弱质产业。他觉得农业投入，要么不做，要做就要做最好的，要做就一定要做成，他相信最终也是可以得到比较丰厚回报的。

他奉行的是一次性投资的理念，在购置兔子笼子时，他全部选用优质不锈钢材料，虽然比铁笼子价格高出两倍多，但可以无限期使用，又干净卫生，有利于提高兔子品质。在2009年兔房改造时，资金出现缺口，他就把为孩子准备的一套学区房卖掉了。为满足农牧场生产用电需要，他分两期投资建太阳能发电设施和蔬菜立体种植设施，除政府扶持补贴外，他向银行贷款1 000万元，从而满足了全场用电需求，也不用担心出现停电这些烦心事了。

有人认为，农业生产经营没有多少科技含量。可金伟丰的实践充分证明，每一项农业生产经营都离不开现代农业科技的支撑。一走进他的办公室，就会看到一块20平方米的巨大监控显示屏，兔舍、医药动物实验室、农机仓库、水稻种植区、水肥一体化滴灌区等区域实时场景一目了然，并进行实时管理和调控。在这里，现代农业所需的设备、机械和生物技术、计算机技术、电子技术、感应技术、信息技术等，已得到了广泛应用，就连养兔机器人也用上了。在400亩稻田里还装有水位自动控制装置，较好地发挥了保水节水作用。

目前，该合作社拥有畜牧兽医师、高级电工等各种技术职称的技术人员8名，合作社用情、用事业、用待遇使他们在各自岗位上辛勤付出。金伟丰妻子顾其红是他的贤内助和好帮手，儿子顾永豪大学毕业后就一边学养兔，一边当父亲的助手，越干越欢。

如今，这个合作社农业发展由资源依赖型转向科技推动型、由粗放型增长转向集约型增长，已得到了比较生动的体现。

江苏苏州：太仓市东林村

导语： 绿色农业是现代农业发展的发展趋势，是实现农业与农村可持续发展的必然选择。大力发展种养循环生产的绿色现代农业可以弥补恶性农业循环破坏生态环境的不足，促进生态优化型农业发展，推进现代农业与传统农业有机结合，给现代农业发展注入新的活力和生机，给后代留下足够的生存和发展空间。近年来，东林村围绕创新、协调、绿色、开放、共享五大发展理念，综合资源利用、生态环境、可持续发展等因素，紧扣建设“现代田园城市、美丽金太仓”的总体目标，探索开展农牧结合、种养循环生产，有效弥补了恶性农业循环破坏生态环境的不足，走出了一条以优化发展生态产业、保护和修复生态涵养、节约减排生态保护、资源集约生态循环为主线的生态友好型农业新路径，成功打造了绿色生态循环生产“东林模式”。

一、主体简介

太仓东濒长江、南邻上海，拥有沿江沿沪的独特区位优势。城厢镇东林村位于太仓城区北端，村域面积7平方公里，耕地面积2 200亩，现有农户768户、人口2 985人。2009年，通过整体拆迁实现了村民集中居住，农民也通过“三置换”成为新市民。全村2 200亩耕地谁来耕种成为难题，本村村民种地积极性不高，流转出去又担心难以有效管理。在这种背景下，东林合作农场、东林农机合作社、东林劳务合作社、苏州金仓湖农业科技股份有限公司等新型农业经营主体应运而生，以“大承包、小包干”的管理模式来解决农业生产的体制机制问题。

东林村位于太仓市3万亩水稻产业园区核心区，以优质稻米生产为主导产业。在多年实践中发现，农田秸秆无法有效利用，全量还田影响生产，秸秆焚烧又极大地破坏了生态环境。秸秆问题成为东林村面临的难题，农场迫切需要探索生态循环模式，引入秸秆收集打包设备，投产饲料生产线，通过养殖业过腹还田，缓解环境压力。东林村瞄准农牧结合发展方向，将绿色、生态、循环理念贯穿农业生产全程，探索构建出了“一片田—一根草—一只羊—一袋肥”的“四个一”生态循环“东林模式”。

二、主要模式

目前，这个种养循环模式的产业链架构为：以秸秆饲料化增值利用为核心环节，构建“优质稻麦种植、秸秆饲料生产、肉羊生态养殖、羊粪制肥还田”的物质循环闭链，分别打造成产业链。重点落实了以下措施：

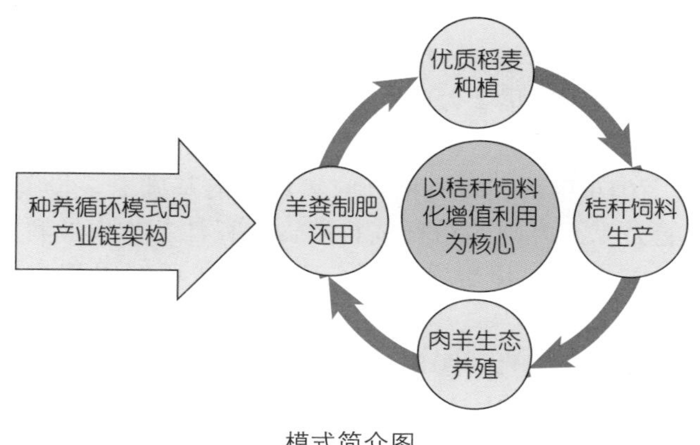

模式简介图

1. **循环模式的确立**　东林种养循环模式的确立：一是村庄整理背景，于2010年完成城乡一体化改造，农民通过整体拆迁实现了集中居住，土地通过集中流转实现了集体经营；二是生产传统背景，该区域传承了江南稻麦两熟耕作制，传统上就有兼养畜禽、粪便沤制农家肥还田的传统生产习惯；三是良好的现代化生产基础，南粳46、苏香粳100等品种的优质水稻规模化生产，梅山猪、湖羊等畜禽种质资源的养殖利用均具有较高水平。以上条件为确立种养循环模式奠定了基础。

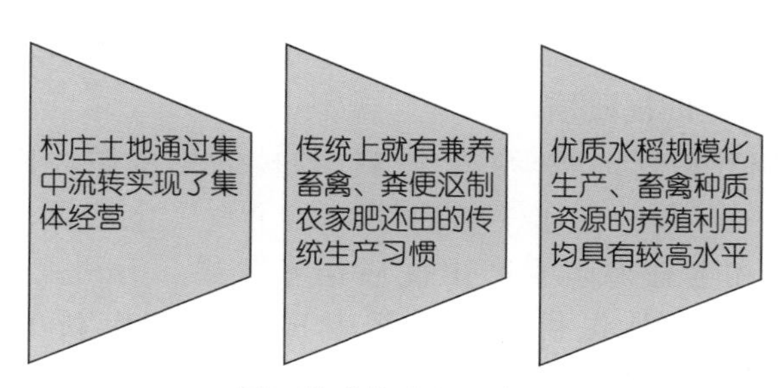

循环模式的确立示意图

2. **生产方式的现代化改造**

（1）粮食生产全程机械化。本循环模式建立在粮食生产全程机械化基础之上，太仓市在项目区内集中开展了高标准农田建设，使整个区域农业基础设施与机械化生产相匹配。同时，围绕育秧机插、肥药管理、机械收获、低温烘干、大米加工等关键环节，开展技术攻关，引进先进装备，建设现代化设施，推行社会化服务，于2016年区域内全面实现了粮食生产全程机械化。项目区建有工厂化水稻育秧中心3个、标准化机库4个、粮食烘干中心4个、日生产能力50吨大米加工厂1个。

（2）秸秆饲料化。2014年，东林合作农场投资1 000多万元，引进秸秆收集机械10台套，每台套由搂草机、打捆机、包膜机3件组成，实现了短时间内快速收集2万吨稻麦秸秆的社会化服务能力，彻底改变了农作物秸秆收集效率低、劳动强度高、与粮食生产全程机械化严重不匹配的现状。2016年，在解决秸秆收集难度的基础上，投资4 500万元建成年处理能力4.5万吨的秸秆饲料厂，依托江苏省农业科学院专家团队，改进饲料配方、优化生产工艺，实现了秸秆饲料规模化、现代化生产。

（3）肉羊养殖生态化。2014年，东林村组建生态养殖专业合作社，投入1 000多万元，建设占地面积50亩的生态养羊场，建成羊舍1.7万平方米，年育肥肉羊能力3万头，依托省农业科学院畜牧研究所，考察了国内外草饲动物的先进养殖方式，着力构建符合本区域的肉羊品种生态化、集约化养殖方式，成功探索出了稻麦秸秆饲喂，生产高品质肉羊产品的产业模式。同时，建成了肉羊屠宰能力达20万头的屠宰场1个，延长了肉羊养殖产业链。

（4）养殖废弃物肥料化。2015年，围绕全量消纳生态养羊场羊粪，开发生产优质生态大米，东林农场投资300余万元，建成了占地面积4 000平方米、年处理羊粪8 000吨的有机肥厂1个。为克服有机肥施用难问题，先后引进多种高效率有机肥撒肥机，并组建有机肥施肥专业服务队伍，在自有农场开展有机肥替代化肥的同时，与周边农场签订协议，加价收购施用有机肥的优质稻米。

东林村种植-秸秆饲料-养殖-肥料-种植的生态循环模式可以概括为“一片田-一根草-一只羊-一袋肥”“四个一”生态循环模式：一片田——稻麦田和生态果园生产出优质稻米蔬果，有机肥施用于农田，为东林特色生态产品提供养料，稻麦田同时产生新的秸秆；一根草——为解决秸秆焚烧带来的环境影响，利用现代化秸秆收集设备，将秸秆收集到饲料厂生产饲料；一只羊——东林村生态羊场养殖特色本地湖羊，平均每只羊可消耗3.5斤秸秆制作而成的饲料；一袋肥——羊粪收集进入肥料厂，通过混合秸秆、菌渣发酵生产有机肥，可提升土壤有机质含量。

生态循环模式

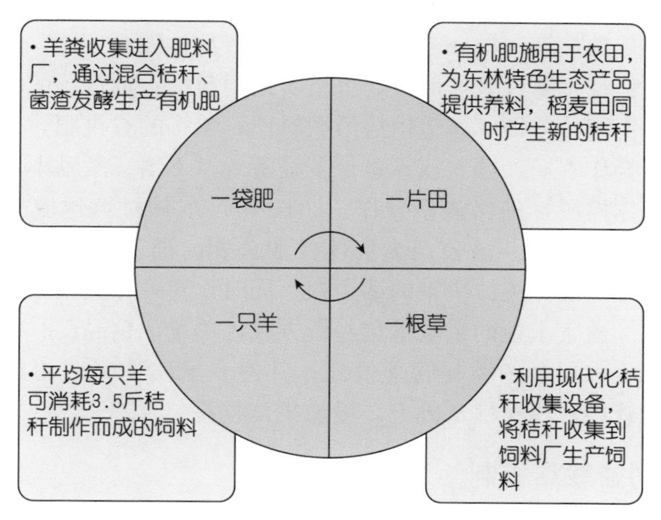

“四个一”生态循环示意图

东林“四个一”生态循环模式中，形成了以下几条关键的循环产业链：

一是生态种养循环农业链条。创新实行“羊-肥-稻、果”生态循环农业模式，引进太湖水循环项目，通过生物能转换技术，将发酵装置、羊舍、水稻果园、微水池有机整合，组成科学、合理的农业能源综合利用体系，把肉羊养殖和水稻蔬果种植连接起来。该模式的关键在于畜禽粪发酵处理后成为优质有机肥料，提升农产品品质。

二是秸秆利用产业化链条。建成高水平的秸秆饲料厂、肥料厂，稻麦秸秆捆包发酵后制成高质量饲料，喂养生态湖羊，再将湖羊过腹消化产生的粪便、沼渣、沼液等制成有机肥料，推动种植业和养殖业生产中废弃物互为资源、循环利用。该模式的关键在于废弃物综合利用技术的应用，通过秸秆饲料化、肥料化，实现作物资源最大化利用。

三是优质农产品一体化产业链条。运用现代化工厂育苗与富硒苗培育结合技术进行水稻育秧，实现高效栽培，将具有硒含量的农作物副产品加工成饲料，供畜禽摄入，起到补硒的作用和产出富硒农产品，形成“种植-饲料-养殖”产业链循环；同时，又形成“种植、养殖废弃物-菌基-食用菌栽培”产业链，生产含有有机硒的食用菌。该模式的关键在于硒产品开发、硒资源利用，既减少对环境的污染，又能提高产业链的整体经济效益。

3. 管理机制的创新 东林村通过精细化的内部管理制度，构建实体间的合作机制，确保生态循环农业产业链条的有机衔接。一方面，各实体独立运行，单独核算。循环链上的每一个环节都是独立个体，进行单独核算。农机合作社将秸秆包按照市场价格卖给饲料厂；饲料厂的秸秆饲料按照市场价格销售给羊场，坏包销售给肥料厂；羊场的有机肥，通过市场售卖给果园、合作农场。独立核算避免了经济效益不清、激励不足问题。另一方面，集体控股，确保链条合作。2014 年，东林村组建成立金仓湖农业科技股份有限公司。该公司为集体控股公司，通过该公司投资建设羊场、食品厂等，确保集体决策的话语权。同时，对各分支因地制宜采取多种经营模式。适宜承包的采取承包经营方式，羊场、食品厂、饲料厂、肥料厂均采取收取租金的委托管理模式；其他 6 家实体采取责任制管理方式，在调动管理者积极性基础上，增加集体收益。

三、利益联结机制

东林合作农场雇用高素质农民，实施产量超奖减罚、成本节奖超罚，人员平均年收入五六万元。东林村劳务合作社，解决了 450 多人就业问题，每年发放工资额超 1 000 万元。通过生态循环链上产业发展，农民收入得到有效提高。此外，生态循环生产技术每亩节省化肥、农药等成本 70 元左右，农产品优质增产增效 180 元左右，亩均增效达到 250 元左右，实现了农业连年增效、农民持续增收的目的。

四、主要成效

东林村的种养循环生产模式，形成物质、能量循环利用产业链，使“秸秆成为饲料、粪便成为肥料”，种养业废弃物的资源化利用既解决秸秆焚烧和粪便污染的环境问题，又大大降低农产品的生产成本，并提升农产品质量，一举多得。

1. **成功实现资源节约集约利用**　“东林模式”的种植业化肥用量削减50%，并运用植物病虫害绿色防控技术，农药使用减量50%，有效减少了农业资源消耗和物质投入，提高了土地利用率和产出效益。

2. **提高了农业现代化发展水平**　东林村累计投入2 000多万元，购置100多台（套）现代化农机具，农业生产实现全程机械化。通过引进现代化大米生产线，建成现代化大米加工厂，日加工能力50吨左右。东林村从德国引进秸秆利用设备，建成高科技含量的饲料加工企业，推动了乡村产业朝向高端发展，带动了周边农民就业增收。

3. **有效改善了生态生活环境**　通过秸秆收储、饲料化利用，杜绝了秸秆焚烧行为，有效改善了大气环境。通过有机肥施用，化肥和农药施用减量，减轻了生态环境压力，东林村农田土壤有机质含量提升；周边水体水质明显改善，村民对环境的满意度大幅提升。

4. **成功实现产业结构调整和集聚发展**　东林生态循环农业模式拓展了农业多种功能，在传统农业基础上，发展农副产品加工业、农村服务业，实现一二三产业互促互动、融合发展，提升了农业综合价值。此外，显著改善了当地的环境条件，从而提升周边地区的土地价值，可产生巨大的经济效益。同时，东林村的生态农业以及农作物的质量进一步提升，产生巨大的经济价值。

5. **有效确保了产品优质安全**　通过测土配方增施有机肥、农业投入品管理、农业标准化生产、畜禽健康养殖等系列措施，有效推进了无公害、绿色、有机农产品的生产，打造了高效生态的精品农业。

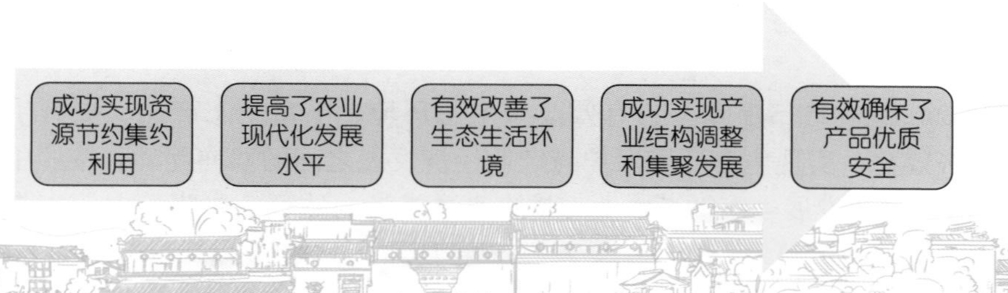

成功实现资源节约集约利用

提高了农业现代化发展水平

有效改善了生态生活环境

成功实现产业结构调整和集聚发展

有效确保了产品优质安全

主要成效示意图

五、启示

1. **强化规划引领** 科学严谨的规划是生态循环农业模式良好运行的前提条件。生态循环农业模式中，能量、物质循环要有一个恰当的比例关系，只有提前进行科学规划，才能确保生态循环模式持续运行。因此，要坚持因地制宜、科学规划，选择建立适宜本地区发展的生态循环模式；要综合考虑种养消纳量，科学规划区域范围内种养最优比例，确保区域内实现闭环循环。在项目投产前，要进行细致的市场调研，考虑运输成本及市场容量，科学规划，有条件的在某个环节进行专业化生产。

2. **强化技术创新** 生态循环农业包含多项共性关键技术，随着科技和社会发展需求的不断提升，生产的工艺和技术必须不断优化完善。但是，目前一些关键技术的使用效率还不够高，导致生态循环农业模式的整体循环利用效率不高，难以大面积推广使用；对循环农业技术集成模式的研究不够，相关评价指标体系和操作标准缺乏，可复制使用的循环农业技术模式和技术方案缺乏。为此，必须强化与科研院校的合作与交流，在关键技术及技术集成创新上进行攻关，采用新材料和新方法，突破现有技术局限，将无人机、互联网、大数据等先进的技术融于循环农业，推进生态循环农业的智能化、精细化，打造生态循环农业模式的更高版本，形成集技术选择、设备选型、作物配置、景观设计等于一体的循环农业模式综合实施方案，提高技术与需求主体的匹配度。

3. **强化试点示范** 依托各级各部门正在推行的农作物秸秆综合利用试点、农业农村部农业面源污染综合治理试点、区域循环农业省级试点等国家、省级现代生态循环农业试点项目，在实施过程中，要广纳省内外知名专家团队，集思广益，为特定区域量身定制生态循环农业技术方案；要大量购置先进装备，保证各产业生产措施的高效运转。同时，前期探索的种养循环模式，可为全面推行资源节约型、环境友好型生产方式积累实战经验。在此基础上，为促进农业生态与现代生产的协同发展，要加快推进示范推广耕地休耕轮作、稻田综合种养、测土配方施肥、病虫绿色防控、畜禽污染治理等生态循环生产方式，推动农业生产逐步向生态循环转型。

4. **强化政策保障** 为有效改善生态环境、丰富生态产品、提升生态经济效益，实现生态环境保护与产业经济发展之间的双向互动，按照中央1号文件“发展生态循环农业，推进畜禽粪污、秸秆、农膜等农业废弃物资源化利用”要求，要在整合现有财政支持的基础上，继续加大现代农业园区建设、提升农业综合产能、加快一二三产业融合发展、保持农业生态绿色发展、加快农业人才培养等方面的生态循环农业产业扶持力度，细化完善财政补贴办法，并针对性地探索开展循环模式建成后的生态效益合理补贴政策，加快构建新型农业补贴政策体系，全面构筑绿色发展政策保障体系，保障生态循环模式的可持续运转。

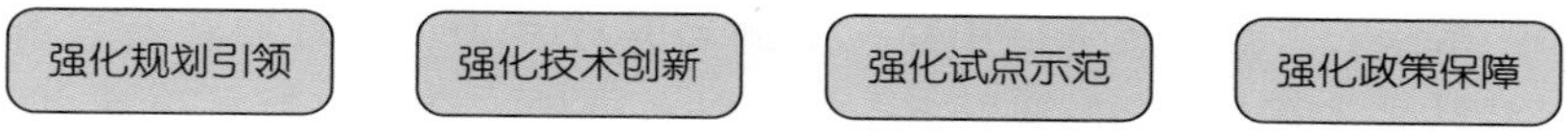

强化规划引领　强化技术创新　强化试点示范　强化政策保障

启示示意图

江苏盐城：建湖县恒济镇

导语：“蔷薇之水绕小镇，流淌滋润万户田。鱼虾肥美芡实鲜，螃蟹壮实菱藕甜。”建湖县恒济镇，以水为媒，涵养化育，依托自然生态资源禀赋、绿色产业发展优势，坚持绿色方向、市场导向，大力发展水生、水产、水稻“三水”产业，打造规模化、标准化、优质化、特色化生产基地，建设智能数字农业，提升精深加工能力，实施品牌质量战略，拓宽市场销售渠道，融合农村三次产业，探索绿色生态健康种养模式，构建“种养＋服务＋销售＋休闲”农业全产业链体系，走出了一条符合当地实际的“产业兴旺、生态环保、百姓富裕”之路。

一、主体简介

1. **经济社会情况** 恒济镇隶属江苏省盐城市建湖县，下辖 11 个村 1 个居委会。2018 年末，全镇户籍家庭总户数 9 494 户，户籍总人口 31 731 人，常住人口 30 296 人。全镇农村居民人均可支配收入22 606元，比上年增长 9.1%，比全县平均水平 20 184 元高出 12%。全镇共有 8.2 万亩种养面积、农业总产值 5.08 亿元。其中，粮食面积 4.2 万亩、产值 2.1 亿元，水生水产种养面积 4 万亩、产值 2.98 亿元。2018 年全镇农产品加工产值达 10.36 亿元，与农业总产值的比值达 2.04∶1。

2. **发展荣誉情况** 恒济镇先后获得江苏省生态文明镇、农村电子商务示范镇、卫生镇、高效渔业示范镇、大闸蟹池塘养殖出口首家基地等荣誉称号。2018 年，被评为“江苏省十佳农业富民小镇”。

3. **自然气候情况** 该地区属亚热带湿润季风气候，全年日照充足，四季分明，年平均气温 14.2 ℃，年降水量 1 011 毫米左右。地势平坦，境内土壤多为沼泽土，河流众多，荡滩资源丰富，水质优良，生物资源丰富，品种繁多。拥有大小河道 360 多条，紧靠射阳湖，蔷薇河贯穿全境。自然资源得天独厚，无轻重工业污染和化学污染，宜农宜渔，盛产优质稻米、荷藕、淡水鱼虾等，是江苏省发展现代高效农业条件最好的地区之一。

4. **区位优势情况** 恒济镇位于苏中里下河平原腹部，地处盐都、宝应、淮安 3 县（区）毗邻，东临 204 国道，北靠盐徐高速，南接盐金国防大道。邻近高速公路互通枢纽，区内有 S233、S331 高等级公路穿境而过，距离盐城机场 50 公里、淮安涟水机场 90 公里、建湖火车站 15 公里、盐城火车站 45 公里，内外交通方便快捷，有利于农副产品的快速集散和输出，具有发展现代农业良好的区位交通条件。

二、主要模式

1. 模式概括　恒济镇立足水资源，建立水生、水产、水稻特色产业基地，采用绿色生态种养方式，构建加工、研发、销售中心，延伸产业链条，提升产业层次，培强育壮农业经营主体，完善提升联结机制，强化政策保障，实行“基地＋园区＋休闲观光＋龙头企业＋农户”的模式，走出了一条绿色生态可持续发展之路。

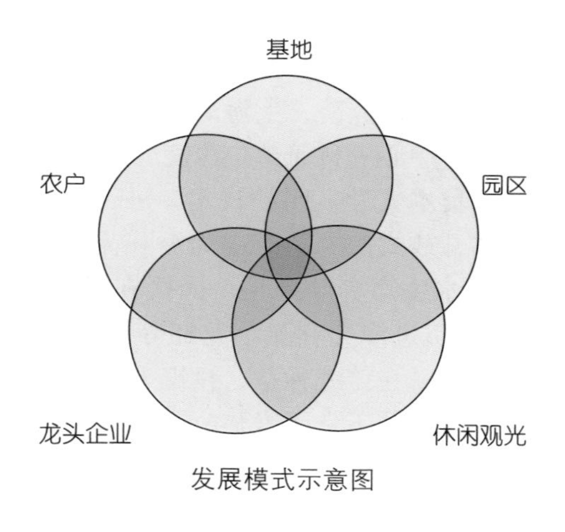

发展模式示意图

2. 发展策略　深入贯彻党的十九大精神，践行新发展理念，按照高质量发展要求，围绕实施乡村振兴战略，以推进农业供给侧结构性改革为主线，坚持绿色生态导向、质量效益优先，立足产业优势发展特色品牌农业，重点推进产业基地建设、产业融合发展、新型主体培育和质量品牌打造，构建以农产品精深加工引领，以农业科技创新驱动为核心，以“三水”（水生、水产、水稻）产业为主导，以农产品冷链条物流、休闲体验农业为延伸的现代农业产业体系，打造高起点、高标准的现代农业建设样板区、农村改革先行区和乡村产业兴旺引领区，为农业农村现代化建设和乡村振兴提供有力支撑。

3. 主要做法　在发展乡村特色产业过程中，恒济镇着力突出产业基地建设、规划园区布局、强化政策保障等手段，全面提升产业层次，做大“水”文章，做强“水”产业，实现产业兴旺、富民增收。

（1）打造产业基地。全镇打造“三水”基地8.2万亩，其中，草鱼、鮰鱼、大闸蟹、鲫鱼、鳊鱼等水产养殖面积1.9万亩；荷藕、茭白、慈姑、空心菜、水芹等水生作物种植面积2.1万亩；稻虾复合种养面积4.02万亩（小龙虾、泥鳅等与富硒稻米南粳9108、苏绣867以及普通稻米复合种养）。在水稻种植上，恒济镇与盐城工学院、江苏省淡水水产研究所等科研单位合作，积极探索稻田综合种养的模式，采用稻田开沟放养小龙虾、螃蟹、鱼等水产品。在稳定水稻产量的同时，采用稻虾轮作、稻田养鱼、稻田养蟹、稻鸭共作等多种模式。与苏州大学的苏州硒谷科技有限公司合作，以恒东村为中心，利用先进的科学技术，打造以富硒大米为代表的功能食品示范区。大力推行药肥双减、绿色发展。推广运用绿色生态种植技术，使用黄板粘虫，稻田安装太阳能杀虫灯减少杀虫剂使用。推广使用有机肥，减少化肥使用量。在水生水产上，恒济镇是省内较早运用池塘微孔增氧技术和水产品质量追溯体系的乡镇，全镇渔业机械化运用96%以上，与中国水产科学研究院、上海海洋大学、江苏省淡水水产研究所、江苏省渔业技术推广中心等科研单位深度合作，全面推广绿色生态循环养殖模式。利用美国奥本大学发明的技术，进一步升级池塘80∶20养殖模式，将传统池塘“开放式散养”改进为循环流水“圈养”，建成了全国面积最大的池塘循环水生态养殖基地。园区在省内率先养殖“长江一号”“长江二号”河蟹，引进澳大利亚小龙虾等优质水产新品种。推广使用微生物制剂替代抗生素。在传统种草、投螺生态养殖基础上，使用EM微生物制剂消除养殖环境中的不良因素，改善水质，提升水产品质量。认证绿色产品3个（湖垛牌青虾仁、恒美牌荷藕、恒美牌水煮藕）、地理标志产品2个（九龙口大闸蟹、建湖青虾）。

（2）完善布局规划。以恒济镇现代农业发展定位目标为导向，围绕特色品牌农业发展定位和“一特一优”主导产业结构设计，对现有产业进行梳理、整合、升级，统筹一二三产业功能板块建设，确定园区总体布局为“一带、两心、三区”。一带：特色农产品加工带。规划面积180亩，已建成60亩，位于S233和S331沿线，北至孟庄村，南至恒庆村一带，是骨干加工企业集中分布区。现有骨干企业包括江苏万谷粮食仓储有限公司、江苏恒通食品有限公司、盐城恒辉食品有限公司、盐城冠华水产有限公司、江苏正源创辉农业科技有限公司等。两心：水产品交易中心，位于苗庄村，规划占地面积50亩，已建成30亩，功能区包括商铺摊位3 000平方米、商业配套和办公用房1 500平方米、检测化验实验室80平方米、露天交易区5 000平方米、交易大棚6 000平方米。主要从事大闸蟹、龙虾、青虾、鱼类等淡水养殖产品交易。水产品物流仓储中心，位于孟庄村，规划占地面积 20 亩，拟建设功能区包括冷库 3 000 平方米、商业配套和办公用房 1 500 平方米，主要从事大闸蟹、龙虾、青虾、鱼类等淡水养殖产品仓储和冷链发货。三区：特色水产生产区，位于恒济镇南部、西部，包括苗庄村、山河村、恒庆村等，占地面积 4 万亩。以建湖九龙口大闸蟹有限公司、江苏正源创辉农业科技有限公司等骨干企业基地为中心外加辐射带动的周边合作社农户养殖基地。优质稻米生产区，主要位于恒济镇北部，包括强卫村、建中村、恒东村、花垛村等，种植面积约 4 万亩。其中，富硒水稻规划面积 1.8 万亩（已建成 0.6 万亩）、综合种养规划面积 2 万亩（已建成 1.6 万亩）。农业休闲观光区，主要位于建河村 S331 南北两侧。规划面积 1 万亩，已建成 0.8 万亩，包括田园综合体项目渔乐大世界和美丽乡村建河村景区。渔乐大世界：位于建河村 S331 北侧，规划面积 0.8 万亩，已建成水产养殖面积 0.6 万亩，产品包括草鱼、鮰鱼、鲥鱼、大闸蟹等。休闲功能区规划面积 0.2 万亩，包括大坝观光、水上娱乐、环湖骑行、特色购物、特色餐饮、特色民宿、民俗体验等。美丽乡村建河村：位于建河村 S331 北侧，占地面积 0.2 万亩，包括红色文化景点中共苏中二分区委《人民报》印刷厂旧址、玻璃工艺制品厂 6 家、龙王古庙和龙文化展示区、电商中心、村史馆等建筑。

（3）强化政策保障。财税政策，设置人才引进、市场推广等多项奖补资金支持基础建设、公共服务、品种研发、模式创新等方面。对招商引进的农业规模企业予以一定税收减免政策。对发展网络销售、设施农业、休闲农业以及品牌建设等给予一定财政奖补。用地政策，对农业重点企业、龙头企业、高科技企业，优先调剂建设用地，保障发展。同时，开辟绿色通道，缩短设施配套用地办理流程，在缴纳土地复耕税 7 个工作日内，完成全部审批工作。对发展休闲农业用地给予一定优惠政策。金融政策，对农业小微企业提供贷款担保服务，帮助申请免息或贴息贷款。对接金融机构定点服务，为企业提供金融咨询和支持。兴办高新技术企业或开发、研制高新技术产品的企业，需要在银行贷款的，可按中国人民银行公布的基准贷款利率 50%进行贴息，贴息总额不超过 50 万元。积极对接外部投资管理机构，加大对创业企业支持；支持引导企业在主板、中小板、创业板、新三板挂牌上市。科技政策，加强与江苏省农业科学院、中国水产科学研究院、上海海洋大学、江苏省淡水水产研究所、江苏省渔业技术推广中心等科研单位深度合作，依托科教工作站建设，为合作单位设立实验基地、现场教学基地、毕业生实训基地、新品种新技术种试基地。对现行的各种科研试验保持关注，强化市场转化效率。人才政策，认真贯彻落实省、市、区政府有关人才引进文件的精神，建立和完善有关人才队伍建设政策，鼓励青年学生返乡就业创业。同时，要通过技术入股、有偿服务等形式，加强与大专院校、科研机构的紧密协作。对高新技术人才，在子女入学、就业方面给予照顾。以完善农技推广责任制度为重点，进一步健全首席农技推广专家、农技指导员、责任农技员等技术骨干队伍。其他政策，市场监管、卫生、自然资源、税务、金融、邮政、文化等部门要统筹协调，提升服务意识，简化服务程序，提供服务效率。环保、林草部门要加强产业园环境整治与美化工作，商务部门要加强大型农产品批发市场的升级改造，水利部门要加强水利灌溉设施的配套建设，文化旅游部门要把公共文化服务向农耕文化、农业科技和乡村特色旅游延伸。

三、联农机制

始终把培育新型农业经营主体作为紧密联农机制的重要抓手，全镇现有省级农业产业化农产品加工龙头企业 2 家、市级产业化龙头企业 5 家；培植农民合作社 115 家，其中纯生产型 23 家，能够同时提供种苗、技术等社会化服务的合作社有 92 家。镇域内龙头企业通过吸收当地劳动力、农民以土地入股专业合作社、企业保护价收购等多种方式，企业与农民建立了紧密联系，增强了抵御市场风险的能力，提升了农产品的附加值，带动了农民增收。在水产品上，实行“订单生产＋统一生产服务”“订单生产＋保底价收购”模式。建湖九龙口大闸蟹有限公司利用自身市场销路广、质量过硬、技术先进的优势，通过与周边养殖户签订合作协议，统一苗种供应、统一技术服务、统一产品销售等方式，吸引周边 40 多家农户踊跃参与。盐城冠华水产有限公司与 26 家农户签订长期合作协议，委托农户生产青虾，免费为农户提供种苗和饲料，并负责技术指导。产品收获后，冠华公司全部按照保底价和市场价取高收购，在收购费用中扣除种苗和饲料成本。在水稻上，实行“订单生产＋保底价收购”“订单生产＋溢价分红”模式：恒济镇友伟粮食种植家庭农场利用与苏州硒谷科技有限公司生产富硒大米订单合作的优势，与周边农户签订合作协议，支付农户保底租金 800 元/(亩·年) 地租，农户负责种植生产，公司负责提供无偿技术服务，扣除种子、肥料、地租、人工等成本，净利润部分农户可以分享 20％分红，提高了农民生产积极性，增加了农民收益。巩固和完善“龙头

在水产品上，实行“订单生产+统一生产服务”“订单生产+保底价收购”模式

在水稻上，实行“订单生产+保底价收购”“订单生产+溢价分红”模式

联农机制示意图

企业＋农民合作社＋家庭农场＋农户”的订单生产模式，进一步发展保底价收购、多种形式入股分红等更加紧密的利益联结机制。

四、主要成效

通过打造特色产业基地、科学高效种养、加工销售、观光旅游等，促进了社会效益、经济效益发展。

1. **经济效益**　近年来，农业三次产业产值逐年提高。2018年，农业一产同比新增农业产值0.56亿元，新增利润800万元；二产农业产值同比新增0.35亿元；年接待旅游人数2万人次，新增旅游收入800万元；辐射带动物流、贸易、住宿、餐饮等预计经济收入1 500万元。

2. **社会效益**　可有效带动优质稻米和水产产业的发展，促进优质稻米和水产等产业健康快速发展。通过建设为农公共服务体系，针对农村劳动力整体科技文化素质不高、生产技术含量偏低、生产成本提高、投入产出比例下降、资源利用率和转化率低下、限制了农业经济发展的状况，面向广大农民，全面提供优质的技术指导、技术培训、信息咨询等服务。通过项目建设，可有效促进农业产业结构的调整，大幅度提高农业科技的总体水平。

3. **生态效益**　本项目实施后，推广稻渔综合种养模式，改善基地基础设施条件，同时加快优质新品种的培育及推广，通过新品种推广、生产资料的供给，科学施肥，减少农药、化肥等对水质、土壤及大气的污染，对当地的生态环境改善起到积极的促进作用，实现生产区域的可持续良性循环发展。

4. **扶贫效益**　坚决打赢脱贫攻坚战，突出抓好产业扶贫基地建设，鼓励因地制宜新（扩）建产业扶贫基地，重点发展水生水产、稻虾轮作等长期稳定收益的产业项目，促进低收入农户增收，新建扶贫基地2个，实现脱贫103户、227人。

五、启示

恒济镇发展特色种养产业，因地制宜，因势利导，走出了一条发展乡村产业、振兴乡村发展、富裕乡村百姓的新路子。从中不难发现有三大值得借鉴的地方：

1. **立足资源禀赋**　在乡村发展过程中，要发现自身优势，挖掘潜在增长点。水是当地最大的资源和财富，恒济镇充分彰显水优势，做大水文章。

2. **以市场为导向**　产业发展应顺应市场规律，走生态发展、绿色发展之路，借助现代农业技术、科技支撑，引进新品种新工艺、打造数字智能农业、研发适销对路产品、开展电商销售等，延伸产业链条，引领产业融合发展、紧密联农机制，把更多增收环节留给农村、让利农民。

3. **政府履职作为** 恒济镇全盘谋划布局，服务引领产业发展，高起点规划产业布局，出台制定财税政策、用地政策、金融政策、科技政策、人才政策等各项政策，支持激励引导产业发展，营造创新创业浓厚氛围。

浙江嘉兴：秀洲区

导语： 嘉兴市秀洲区是浙江省的粮食主产区，但受产业结构调整、种粮成本持续上升、种粮效益低下和经济社会发展等多重因素影响，农户种粮积极性普遍不高。自2015年粮食功能区规划修编以来，由于种粮比较效益低下甚至处于亏损边缘，通过镇村集中流转或农户自行流转粮食功能区内土地用于莲藕、果蔬、苗木等非粮产业现象仍然较多，粮食功能区非粮化趋势逐年加重，种粮面积持续下滑，稳粮压力极大。另外，由于土地征迁、外荡退养以及城镇化进程加快等因素影响，渔业产业发展受到土地和空间等多重因素制约，渔业水域面积逐年萎缩，渔民因生存空间挤压失业数逐年增多，渔民经济收入得不到有效保障，由此引发的非法捕捞等社会现象增多，渔民转产转业压力增大。“鱼米之乡”稳粮难和养鱼难已成为当前政府在农业产业发展过程中急需解决的两个难题。

稻渔综合种养是将水稻种植与渔业有机结合，利用稻渔共生互补理论，实现种养结合的典型生态农业，是种养业转方式调结构的重要抓手，是农业绿色发展的有效途径。针对当前秀洲区“鱼米之乡”稳粮难和养鱼难的两个难题以及当前土地资源日益紧缺、种粮效益低下、农民种粮积极性不高的背景，秀洲区以国家级稻渔综合种养示范区创建为抓手，进一步转变农作模式，积极加大稻渔综合种养模式的示范推广力度，切实调优种养品种结构、提高土地单位产出率，实现“一水两用、一田双收、粮渔共赢”，达到“稳粮、促渔、增效、生态、安全”目的。

一、主要做法

（一）建立组织体系、落实责任分工

1. 构建组织领导体系　为确保秀洲区稻渔综合种养产业的顺利推进，秀洲区政府成立由区政府分管领导为组长，区农业农村和水利局主要负责人为副组长，区委宣传部、区经济信息商务局、区财政局、区农业农村和水利局、区市场监管局、区综合行政执法局、区供销合作总社、区自然资源分局等部门以及各镇分管领导为成员的稻渔综合种养产业推进工作领导

小组。领导小组下设办公室，办公室设在区农经局，负责全区稻渔综合种养产业发展的统筹规划、政策制定、工作部署、检查考核、督查推进稻田综合种养产业依法有序健康发展。各镇各部门各司其职，加强沟通，密切配合。

2. **构建技术推广体系** 为进一步加强对稻渔综合种养技术指导工作，在区责任农技推广体系的框架下，建立了以区稻渔种养首席专家-农技指导员-责任农技员-稻渔种养产业协会-农场（合作社、公司）-基地种养户的稻渔综合种养技术推广队伍体系，制定并实施了责任渔技队伍的岗位责任制和目标考核制，从而进一步明确了分工、落实了责任。

3. **组建稻渔种养协会** 2018 年 10 月 19 日，嘉兴市秀洲区稻渔种养产业协会在秀洲区成立，通过成立稻渔种养产业协会，搭建起一个稻渔种养产业发展的平台，联系一批有志于发展稻渔种养事业的种粮大户、水产大户；协会共拥有注册会员 58 人，计划开展稻渔综合种养面积 6 980 亩，辐射推广面积 15 000 亩。

（二）制定扶持政策，合力推进工作

1. **制定稻渔综合种养相关产业发展扶持政策** 为了进一步引导养殖户利用当前有利形势，发展稻渔综合种养，秀洲区积极出台配套政策进行推动。对列入省、市、区农业产业化项目的稻渔综合种养基础设施建设项目，秀洲区给予最高不超过 50%的财政资金进行重点扶持；同时，为了有效推动稻渔综合种养技术的推广应用，区农业产业化政策文件明确提出对新发展稻鱼综合种养，符合农业部门制定的相关标准，面积 30 亩以上，经认定，按有无防逃设施分别给予800 元/亩、500 元/亩补助。

2. **出台稻渔综合种养产业发展 5 年行动计划** 区政府出台《全面助力乡村振兴战略 加快推进秀洲区稻渔综合种养产业发展行动计划（2018—2022 年）》，明确通过稻渔综合种养产业 5 年持续推进，到 2022 年，全区累计稻渔综合种养面积达到 3 万亩；亩均水产品产量不低于 100 斤、亩均粮食产量不低于 1 000 斤、亩均产值不低于10 000元；稻渔综合种养模式亩均增收 2 000 元以上，其中 50%以上亩均增收超 8 000 元，年带动农民增收 1.5 亿元以上。文件要求进一步加大稻渔综合种养示范创建扶持力度。一系列的利好政策有力地推动全区稻渔综合种养产业的发展。

（三）做好典型示范，加大推广力度

1. **积极开展稻渔技术协作** 加大与浙江省淡水水产研究所和嘉兴市农业科学研究院等科研院所合作，加大稻鳖等稻渔综合种养新品种、新技术、

新模式、种养管理、绿色防控、稻渔产品质量及营养分析、种养尾水循环利用等关键环节的研究，因地制宜推广形成一批可推广应用的科技成果。

2. 积极做好示范基地建设　秀洲区结合省级渔业产业发展资金及省级农林渔经营体系资金，积极开展稻渔综合种养示范基地建设。2018 年，秀洲区落实涉及稻渔种养的渔业产业化项目 4 个，项目投资 819.66 万元，其中财政扶持资金 410 万元。2018 年，各镇上报符合农业产业化补助条件的稻渔综合种养面积 1 770 亩，涉及稻渔种养基地 26 个，财政补助资金 140 万元。通过项目实施，进一步完善水电沟渠配套，有效夯实稻渔种养基础设施，提升种养空间容量。

3. 积极做好宣传发动工作　秀洲区紧紧围绕乡村振兴和产业富民两大目标，先后召开不同层面的稻渔综合种养技术现场会和推进会 5 期、稻渔综合种养技术培训会 3 期、组织赴外地参观学习 4 期。稻渔综合种养推广工作启动以来，秀洲区政府两次组织乡镇农技人员、种子企业、种粮大户及新闻媒体召开现场“稻鳖共生”观摩考察会，实地查看该模式的生产表现与特征特性。同时，区、镇两级组织 10 余次现场观摩，让农户多看、多想，再学着做、创新做。通过现场观摩、典型介绍和宣传发动，进一步统一思想，提高认识，明确目标，为稻渔综合种养技术推广工作的顺利开展营造了良好的氛围。

4. 积极做好培训推广工作　本着提高稻渔综合种养模式的普及率，引导种养户更新种养观念，转变发展方式，提高科学种养水平，合理规范种养行为的宗旨，秀洲区特地邀请江苏省淡水水产研究所唐建清研究员现场授课稻田小龙虾等稻渔种养关键技术；邀请湖北省水产科学研究所舒新亚研究员现场为种养户讲解授课。同时，区农经局聘请市、区级农技专家和专业种养大户对农业技术人员及种粮大户进行稻渔综合种养专题技术培训与咨询，举办培训班 10 余次，累计培训镇、村农技骨干和种养大户 850 人次。还邀请凌建新、金国华和顾新华等乡土专家，让他们以己为例，把自己在发展稻渔种养生产过程中摸索出来的稻鳖共生模式、稻虾轮作模式等成功经验从理论到实践、从传统到科学、从养殖到经营销售对大家作了全方位系统的介绍和传授，让前来参加培训的养殖户成为最大获益者。2018 年 10 月，浙江省晚稻绿色高质高效生产技术现场观摩培训会与会领导参观了秀洲区稻鳖共生基地。

（四）注重品牌标准，助推产业提升

1. 构建稻渔产品技术标准体系　以《稻渔综合种养技术规范　第 1 部分：通则》（SC/T 1135.1—2017）为依据，以秀洲区地理和技术特点

为重点，制定了具有秀洲区特色的《平原水乡稻鳖共生技术规范》（DB 330411/T 001—2018）等系列稻渔技术农业地方标准体系。标准从环境要求、田间改造、水稻栽培、鳖类选择和放养、日常管理、收获要求等进行技术规定。同时，结合各个时间环节的种养技术和场景照片，制定易看、易学、易懂的《平原水乡稻鳖共生技术规范技术指导手册》，指导带动周边农户种养推广。

2. 构建稻渔种养品牌营销体系 秀洲区以新时期“渔米之乡”为切入点，融入稻渔产品“优质、生态、安全”理念，培育以全区“绿秀洲”农业区域公用品牌引领、行业“秀水渔米”“秀水稻香鳖”品牌主打、“凌阿伯”等农业特色品牌纷呈的母子品牌共同推进格局。充分利用浙江农业博览会、上海现代农业展览会、嘉兴市农产品展销会等农产品展示推介和农事节庆活动，加大稻渔品牌全方位、多维度深入宣传推介，提升稻渔品牌知名度和价值效应。2018年初嘉兴市农产品展销会期间，沈顺华副区长代表秀洲区政府向社会公开推介以稻渔综合种养典型模式——稻鳖共生模式生产的“绿色稻米 生态甲鱼”，参展市民反响热烈。2018年11月30日，赴江苏盱眙参加第二届全国稻渔综合种养产业发展论坛暨2018年度全国稻渔综合种养模式创新大赛和优质渔米评比推介活动并荣获模式创新一等奖。

3. 构建稻渔种养产后服务体系 种得好更要卖得好。为了切实解决周边农户的产品销路问题，秀洲区一方面对有自己大米销路的农户，对接大米加工企业为其进行稻谷低温烘干、大米精加工、真空包装等，为其销售前做好服务；另一方面，对没有自有销路的农户，联系金福米业、日月米业等当地加工企业以高于平均市场价30%的收购价直接收购其稻谷，确保带动农户种得好的同时销得好。真正做到“做给农民看、教会农民干、帮着农民赚”。

（五）加强全程监管，确保质量安全

1. 加大稻渔产品质量安全宣传，营造良好氛围 以创建省级农产品质量安全放心县为目标，通过报纸、电台、网络等新闻媒体，积极加大稻渔等初级农产品质量安全宣传力度。为了让稻渔种养主体对稻渔产品质量安全有关的法律法规有更直观、更深入的了解，共下发质量安全养殖告知书、禁用渔药清单和农业部第2292号公告等1 000余份，签订初级农产品质量安全承诺书430余份。

2. 构建稻渔产品全程质量追溯体系 推行标准化种养模式，规范主体生产行为，保障稻渔产品质量安全。秀洲区要求稻渔综合种养主体建立健全水稻、水产品生产记录，包括投入品采购记录、投入品使用记录、产

品销售记录等。按规定使用农业投入品并严格控制安全间隔期。开展产品质量安全追溯体系建设，上市产品均标示食用农产品合格证。要求稻渔种养主体主动接受各级主管部门的不定期巡查检查、监督抽检。产品上市时期主动开展委托送检，确保产品质量安全。

3. **积极开展稻渔种养尾水治理工作**　出台《嘉兴市秀洲区水产养殖尾水治理工作实施方案（2018—2022年）》，完成稻渔等规模化养殖尾水治理布点7个，完成治理面积1 250亩。对稻渔种养全程开展水质环境监测。2017年，在稻渔生产高峰期连续开展5个批次的稻渔种养源水、养殖水及尾水监测；2018年开展渔业水环境监测示范点9个，监测水质指标6个，累计监测150个指标批次。监测发现，通过稻渔种养模式，水体中的氮、磷等营养元素能得到有效吸收，水体中的富营养指标有效降低。

二、主要成效

截至目前，秀洲区累计推进了10 600亩稻渔综合种养基地建设，创建了以新塍镇南洋村、小金港村，王江泾镇虹南村、廊下村和油车港镇杨溪村为核心的一批示范村，引领全市稻渔综合种养基地实现规模化、标准化、生态化发展；创新集成并推广了稻鳖、稻田小龙虾和稻田青虾三大种养模式，实现了“一水两用、一田双收、稳粮增渔、粮渔双赢”的良好效益；借助“绿秀洲”这块农业区域公共品牌，重点打造母子品牌“秀水渔米”“秀水稻香鳖”“凌阿伯”等稻米、甲鱼、小龙虾的特色稻渔种养产品，利用文化节庆、展示展销、媒体宣传等活动，不断扩大“绿秀洲”牌稻渔产品的影响力、知名度和美誉度；组建嘉兴市唯一的稻渔种养产业协会；发布的区级地方标准《平原水乡稻鳖共生技术规范》（DB 330411/T 001—2018）是嘉兴市唯一的同类标准。荣获2018年全国稻渔综合种养模式创新大赛一等奖；稻鳖共生模式生产的稻米获得2018“禾城好米”金奖称号。

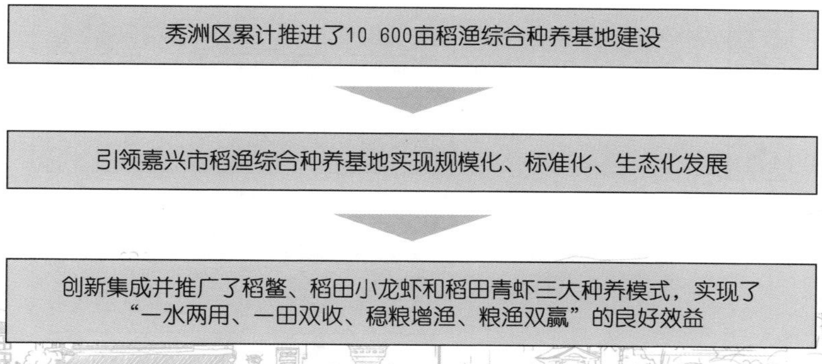

秀洲区累计推进了10 600亩稻渔综合种养基地建设

↓

引领嘉兴市稻渔综合种养基地实现规模化、标准化、生态化发展

↓

创新集成并推广了稻鳖、稻田小龙虾和稻田青虾三大种养模式，实现了“一水两用、一田双收、稳粮增渔、粮渔双赢”的良好效益

发展过程示意图

1. 经济效益 稻渔综合种养模式，运用稻渔共生轮作技术，提高水稻和水产品质量，提高农田综合效益。2018 年 11 月 4 日，区农经局组织省、市有关专家对秀新生态农场稻鳖共生核心示范区进行实割测产，水稻（南粳 46）干谷产量达到 500.44 千克/亩，甲鱼年均增重 0.46 千克/只。专家组一致认为，秀洲区的稻渔（鳖）共生技术模式具有可复制、可推广性，对促进乡村振兴战略具有重要意义。项目累计推广稻渔共生轮作种养面积 5 860 亩，其中稻鳖 3 576 亩、稻鱼 826 亩、稻虾 1 458 亩；实现稻麦总产量 4 272.9 吨、水产品 628.1 吨、总产值 7 589.92 万元，总效益5 506.55 万元；亩产值 12 952 元、亩效益 9 397 元，比单纯稻麦两季轮作亩均增加 9 170 元，亩均增效 40 倍以上。其中，秀洲区新塍秀新生态农场，该基地 2018 年亩产稻麦 745.44 千克、甲鱼 322 千克，亩均净利润 35 271 元。

2. 社会效益 稻渔综合种养模式有效实现“百斤鱼、千斤粮、万元钱”的保粮、增收目的，提高了种粮效益，保障了粮食安全，并有效带动了全区的现代化粮食生产发展。同时，稻渔综合种养又是促进乡村振兴、富裕农民的有效手段，促进了农业增效、农民增收，有利于农村防洪蓄水、抗旱保收，推进了产业融合，体现了渔业的多功能性，也是美丽乡村建设的重要支撑。还有效带动因养殖面积萎缩和外荡退养而失业的渔民再就业。新塍镇小金港村的水稻种植户陆水荣是 2018 年初发展稻鳖共生模式的，通过一年的精心种养管理，在其余种植大户因粮食保护价下调只有微利甚至亏本的情况下仍取得了9 438元/亩的不错效益，初尝甜头的陆水荣在 2019 年将周边的水稻田全部承包过来发展稻渔种养。

3. 生态效益 稻渔综合种养模式有效提高了稻田能量和物质利用效

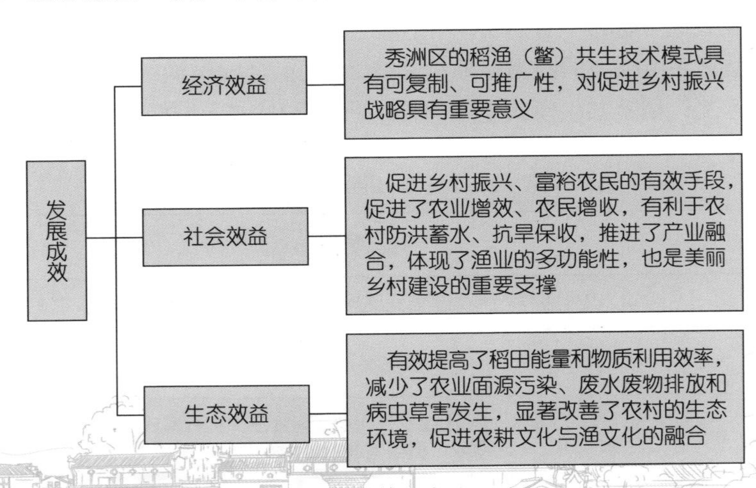

主要成效示意图

率，减少了农业面源污染、废水废物排放和病虫草害发生，显著改善了农村的生态环境，促进农耕文化与渔文化的融合；还是渔业转方式、调结构的重点方向：作为生态循环养殖模式，符合生态环境约束政策对渔业发展的严苛要求，也是发展休闲渔业的潜在资源，经济效益、社会效益、生态效益显著。

三、启示

今后，秀洲区将紧紧围绕乡村振兴、产业富民这一目标，以《全面助力乡村振兴战略　加快推进秀洲区稻渔综合种养产业发展行动计划（2018—2022年）》实施为依据，进一步加大稻渔综合种养模式的示范推广力度，完善稻渔一二三产业全产业链打造，加强品牌质量标准体系构建，着力打造长三角平原水乡稻渔综合种养示范区。

1. 坚持高位推动强扶持是基础　稻渔综合种养推广是一项关系民生的工作，有必要通过政策加以引导扶持。要整合农业投资、农业综合开发、农田整治、农田水利建设以及农业产业化等对列入稻渔综合种养规划区域内的基础设施建设项目进行重点扶持；对稻渔综合种养规划区域内的农业主体优先保障农业设施用地。通过政策支持，高标准建设一批稻渔综合种养基地。

2. 坚持科学规划强引领是前提　推动稻渔综合种养持续健康快速发展离不开合理的空间规划和产业布局。要根据资源禀赋合理布局，优先选择水资源充足无污染、水电路通达、农田水利工程配套、排灌方便的粮食功能区块；充分利用中低产田、低洼田、冬闲田、低产鱼塘，采用共生、轮作等方式，大力发展稻鳖、稻虾、稻鱼等特色稻渔综合种养模式。要围绕“一镇一业”“一村一品”，创建稳产高效、生态循环、标准规范、特色鲜明的稻渔综合种养万亩产业镇、千亩特色村、百亩示范片，推动标准化、规模化、集约化发展，示范带动周边农业主体发展稻渔综合种养。

3. 坚持科技提升强示范是根本　因地制宜推广具有秀洲特色的稻渔综合种养主推品种和主推模式，是稻渔综合种养模式推广是否成功的关键。要根据稻渔种养规模，建设相应的标准化优质种苗供应基地，保障种苗需求；大力引进适销对路的水产和水稻新品种。要加大与科研院所合作，分模式制定生产技术标准和操作手册；区、镇两级农技推广部门要积极开展农民培训，把《平原水乡稻鳖共生技术规范》等稻渔综合种养技术作为高素质农民、农民转产转业以及产业富民培训的主要内容，切实提高稻渔综合种养从业者素质和种养技术水平。

4. 坚持主体培育强品牌是关键　提升稻渔综合种养产业层次和产品

附加值，积极发展产、加、销紧密联系的稻渔综合种养产业化联合体是关键。要引导企业、协会为农业主体提供农资供应、技术指导、病害防治、机械作业、产品营销等社会化服务，构建稳定的产业、要素、利益联结机制；要以新时期“鱼米之乡”为切入点，以“绿秀洲”农业区域公用品牌为引领，融入稻渔产品“优质、生态、安全”理念，利用电商平台拓展产品营销网络，扩大产品影响力和市场占有率。加快推进稻渔三产融合发展，开发休闲农业、稻渔文化和乡村旅游，拓展稻渔综合种养产业新功能。

5. **坚持质量至上强监管是保障** 稻渔产品的质量安全和生态安全是稻渔种养产业能否持续发展壮大的一根重要准绳。要在生产环节上再提升，严格按照《平原水乡稻鳖共生技术规范》等系列稻渔技术农业地方标准体系进行标准化生产。要在质量监管上再提升，要完善种养主体生产档案记载，推行食用农产品合格证管理，完善稻渔产品质量安全追溯体系建设，支持稻渔基地开展智慧渔业物联网建设，开展全程可追溯试点，实施药残抽检，确保稻渔产品质量安全。

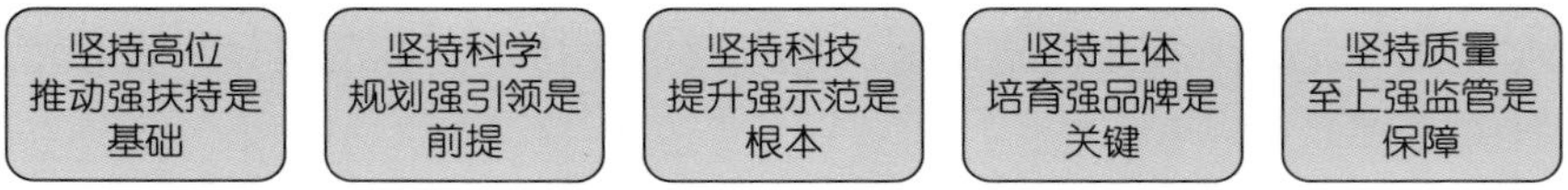

坚持高位推动强扶持是基础	坚持科学规划强引领是前提	坚持科技提升强示范是根本	坚持主体培育强品牌是关键	坚持质量至上强监管是保障

发展启示示意图

河南驻马店：西平县海蓝牧业有限责任公司

导语： 西平县海蓝牧业有限责任公司以发展农牧业循环经济为切入点，建设现代农业一二三产业融合发展项目，构建“种植、养殖基地-秸秆、畜禽粪便-有机肥生产-种植基地”的循环农业模式，依托养殖业、种植业资源优势，为市场提供质优价廉、商品化程度高的农作物产品，建立起农业资源高效利用的集约化现代农业经济循环体系，对提高农业综合效益、扩大社会就业、增加农民收入、改善农村生态环境、促进农牧业环保可持续发展具有重要意义。

一、主体简介

西平县海蓝牧业有限责任公司成立于 2015 年，位于西平县五沟营镇王阁村，是一家集蛋鸡饲养销售、蔬菜种植销售、有机肥生产、大田托管于一体的综合性企业。全力打造现代养殖业、农牧废弃物利用、蔬菜种植、大田托管“四位一体”的可盈利循环经济链条式发展模式。

1. **蛋鸡养殖**　目前，建设标准化鸡舍 12 栋，鸡舍建筑面积21 600平方米，存栏 63 万只蛋鸡。鸡蛋产量每天达 60 万枚，是河南省单体最大的蛋鸡养殖场。

蛋鸡养殖场

2. **蔬菜种植**　建有 3 000 亩供港蔬菜基地，年产 12 000 吨蔬菜，品种主要有广东芥蓝、广州菜心、广州迟菜心等。基地拥有一套完整、科学的管理体系，从基地建设到田间种植生产再到采收包装、低温储存、冷链运输，每个环节都实行规范、科学、标准化生产，确保蔬菜优质高产。下一步将植入蔬菜种植质量安全追溯管理信息系统，引进国内最先进的“一物一码”技术，实现产品的溯源、防伪、防篡等多项功能，并可将生产基地的基础信息、位置信息、质量安全信息、检验检测信息、生产信息、产品质量及流向动态等信息入库、动态信息检测统计、销售去向备案统计，实现蔬菜生产、加工、销售全程可追溯化管理及产品的新零售，并可接入国家级监管平台，实现一键召回，确保百姓能买到放心安全的产品。

3. **有机肥生产** 公司利用鸡粪便和农作物秸秆，建有年产2万吨生物有机肥厂，引进台湾金汇独创的“嗜高温生物发酵技术”，经过高温灭菌10个小时发酵，再配方混合转化成各种型号的有机肥料。

4. **大田托管** 已托管土地2万亩，采用“农业的共享集约化模式”。这种模式的做法是：农户把土地交给共享农业合作社管理，合作社和公司合作形成规模。生产所需农资、农机耕种、浇水、收储资金均由公司垫付。合作社负责耕作、种植和管理，龙头企业统一品牌农资保障、统一技术规程和标准指导、统一收储、统一订单销售，收获的产量全部归农民，销售价格不低于市场价，农民支付合作社种植成本较低。

公司秉承现代农业发展理念，以发展农牧业循环经济为切入点，构建“种植、养殖基地-秸秆、畜禽粪便-有机肥生产-种植基地”，构建高效种养业循环经济发展模式。公司近年来不断发展，先后获得驻马店市“农业产业化市重点龙头企业”“驻马店市农业科技园区”“驻马店市农牧废弃物资源化利用工程技术研究中心”“2016年河南省生态畜牧业示范场”“2017年畜禽养殖标准化示范场”“农业农村部无公害农产品产地认定与产品认证”“河南省家禽行业2016年度现代化建设典范企业”“西平县2016年农业产业化龙头企业”等荣誉称号。品牌来自品质，品质离不开科技创新，要持续推进创新，维护好企业品牌，不断提升企业竞争力。

二、主要模式

1. **绿色循环生产模式** 以蔬菜和畜牧产业为重点，建设全程绿色标准化生产示范基地，推进品种改良、品质改进，推广生产设施、示范技术、质量管理标准化。根据本地区的农业发展现状和现有的养殖、种植结构，以“种植/养殖基地-废弃物处理利用-有机肥生产/饲料加工-种植/养殖基地”生态循环模式为主线，形成以“小麦/玉米/桑树种植-饲料加工-蛋鸡养殖”的种养结合模式、以“蛋鸡养殖-畜禽废弃物处理（沼气工程）-沼渣/沼液/沼气-种植基地”的种养一体化模式、以“种植/养殖基地-秸秆/畜禽粪便-有机肥生产-种植基地”的农副资源肥料化模式，按照全消纳、零排放的目标，在西平县五沟营镇形成养殖废弃物资源化、农副资源饲料化、种植基地标准化的标准化生产基地建设、生态循环农业典型，示范推广生态循环农业可持续发展模式，推广绿色增产增效集成技术模式，推广节约型农业，积极促进农业资源保护和生态环境保护。

2. **种养一体化模式**　主要对养殖场粪污处理设施进行改造，实现养殖场畜禽粪污的零排放、全消纳。通过沼气工程，沼渣收集后集中处理生产有机肥，沼液集中处理后通过管道输送至周边种植基地，沼气通过收集脱硫后输送到生产区、生活区作为清洁燃料。形成“养殖区-沼渣-有机肥厂-种植区”“养殖区-沼液-种植区”的种养结合循环模式和“养殖区-沼气-生产生活供热”的养殖废弃物资源化利用模式，实现畜禽废弃物资源化利用和达标排放。

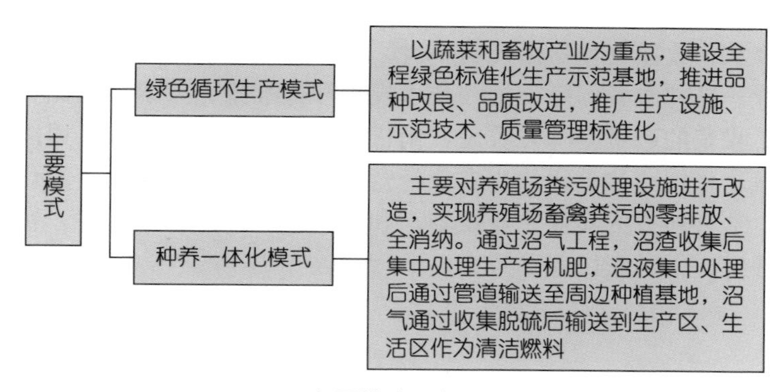

主要模式示意图

三、主要做法

公司与北京德青源合作建设的德青源“云养殖”项目，总投资 2.5 亿元，建设 120 万只标准化、现代化大型生态蛋鸡养殖场。鸡舍、厂房总建筑面积 3.5 万平方米，配套建设 2 000 平方米中央集蛋库、600 平方米操作间和消毒间。现已建设完成现代化、标准化鸡舍 12 栋，鸡舍建筑面积 21 600 平方米，存栏 63 万只蛋鸡。目前，鸡蛋产量每天达 60 万枚，是河南省单体最大的蛋鸡养殖场。养殖板块采取规模化、集群化、密闭式饲养，采用自动上料、中央集蛋、中央清粪的全自动养殖设备。鸡舍内温度、通风、光照等均由计算机自动控制，鸡蛋采取中央集蛋系统直达蛋库车间，进入鸡蛋分级设备进行清洗、分级、喷码、包装。

蛋鸡养殖产生的鸡粪通过中央集粪系统直达有机肥车间，加入秸秆、菌种等辅料，采用“嗜高温生物发酵技术”，经过高温灭菌 10 个小时发酵，再经过配方混合，转化成各种型号的有机肥料。根据秸秆生产量大、分散的特点，公司出动流动制肥设备，在西平县各乡镇设立秸秆收集和制肥点，现场生产有机肥，将生产的有机肥按比例归还给农户或养殖户。

蔬菜种植利用上个环节生产的有机肥料改善土壤、增强土壤肥力。基地建有先进的滴灌和蔬菜标准检测设施，拥有一套完整、科学的管理体系、从基地建设到田间种植生产再到采收包装，每个环节都实行规范、科学、标准化的管理，确保蔬菜高质高产。公司蔬菜种植采用订单种植销售模式，有效保证了市场销售，规避市场销售风险。

大田托管方面，采用上个环节自产的生物有机肥，作为底肥，施用到托管的大田作物中，提高农作物产量。采用“农业的共享集约化模式”，这种模式的做法是“公司＋合作社＋农户”的合作方法。农户把土地交给共享农业合作社管理，合作社和公司合作形成规模。生产所需农资、农机耕种、浇水、收储资金均由公司垫付。合作社负责耕作、种植和管理，龙头企业统一品牌农资保障、统一技术规程和标准指导、统一收储、统一订单销售，收获的产量全部归农民，销售价格不低于市场价。公司以大田托管为手段、采用“共享集约化农业经营模式”进行规模化、集约化、工业化运营，结合地方的农业产业规划，利用当地土地产出品优势，实现高品质农业种植，带动农民脱贫致富。

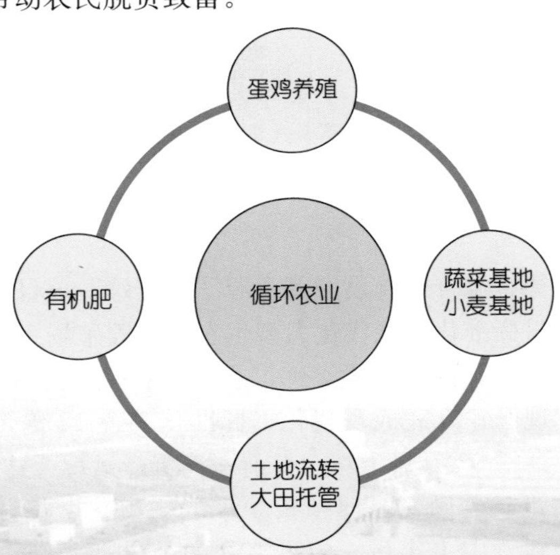

海蓝牧业循环农业模式示意图

四、利益联结机制

公司依托资源优势，采取贫困户流转出土地、贫困户就近就业、带动周边贫困户扶贫资金入股、金融扶贫保险保底、村集体经济入股等方式，打造“龙头企业＋村集体经济＋贫困户”的利益联结体，搭建贫困群众持续稳定增收平台。

1. **流转土地收“租金”**　通过承包土地成片流转，实行集约化管理，规模产效益，按照每亩不低于1 000元的租金流转土地。目前已流转3 000亩，其中建档立卡贫困户67户180人，土地169.6亩。

2. **务工收入挣“薪金”**　在蔬菜收获旺季，招募附近本地农户参与蔬菜采摘，每天基本上有200人左右的农民参与生产，公司按时支付他们劳动报酬；公司定期举办技术培训会，给当地农民培训蔬菜种植、畜禽养殖等技术，进行技能培训后签订用工合同、安排上岗就业，取得劳务收入。

3. **产业扶持入股分“股金”**　将产业扶贫资金作为贫困户股金入股到公司中，每年按照不低于15%的比例分红，已入股股金283.2万元，年获收益42.48万元。

4. **金融扶贫保险兜底**　实施“保险＋扶贫”模式，对公司内的养殖、种植全部纳入农业保险范围，实现能保尽保、应保尽保，增强种养风险防范能力。

5. **村集体经济资产收益**　利用行政村村集体经济启动资金入股公司，投入粮仓建设、农产品展示、农产品可溯源追踪体系、桑叶深加工项目等，形成固定资产。企业每年按不低于10%的分红比例，确保了带贫村村集体经济能够稳定发展。

6. **土地托管产量增值**　公司目前托管西平县10个乡镇3万多亩土地。农户把土地交给共享农业合作社管理，合作社和公司合作形成规模。生产所需农资、农机耕种、浇水、收储资金均由公司垫付。合作社负责耕作、种植和管理，龙头企业统一品牌农资保障、统一技术规程和标准指导、统一收储、统一订单销售，收获的产量全部归农民，公司高于市场价5分收购托管贫困户的粮食。通过科学种植和管理，在同等条件下，亩产量至少增收5%，一年两季，每亩地可为农户增收约260元，带动贫困户101户、330人，贫困户土地545.4亩。

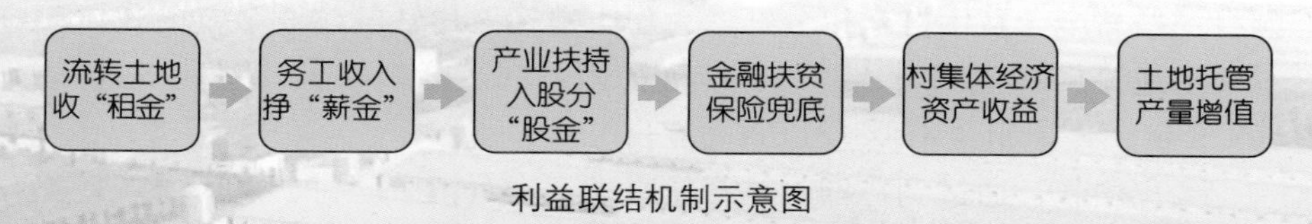

利益联结机制示意图

五、主要成效

1. **经济效益**　通过种植养殖产生的农作物秸秆、粪便及农产品加工剩余物生产有机肥和建设标准化生产基地，提高绿色、有机、无公害农产品种植比例等方式将农业废弃物资源化利用，不仅直接减少企业处理废弃物的成本，而且变废为宝，以减量化、再利用和资源化为原则，通过项目实施带动周边种植基地进行农药化肥减量施用、标准化清洁生产，生产成本下降10%～20%，农产品实现增值10%～15%；农产品质量安全水平明显提升，农产品优质品率达90%以上。同时，绿色循环农业基地面积达到1万亩以上，农民收入达到12 000元，增加10%以上。

2. **社会效益** 通过项目实施，构建生态循环农业模式，落实养分综合管理计划、生态循环农业建设指标体系等制度，实现“一控两减三基本”的建设目标，能够有效促进种养有机结合，推动农业产业链延长和农业功能拓展，实现产业整体提档升级。通过项目建设，带动当地畜牧业发展；有机肥替代化肥的使用，将带动当地粮食、蔬菜、瓜果等特色产品向绿色、有机高端方向发展，提升产品档次。项目发挥龙头企业带动作用，发展蛋鸡养殖、有机肥加工、饲料加工、农产品种植以及上下游产业，为产业扶贫、近2 000名农村劳动力提供更多的就业岗位，增加农民收入，带动社会经济的全面发展。

3. **生态效益** 通过种养循环，可以减少畜牧业粪污污染，改善土壤结构。项目区域内种植小麦、玉米、花生、大豆等传统农作物，秸秆饲料化、肥料化利用可减少秸秆焚烧带来的环境污染。通过项目实施，项目区将构建起资源节约、生产清洁、废物循环利用、产品优质安全的生态循环农业发展路径和生态农业建设指标体系，有效控制化肥和农药不合理使用，畜禽粪便、秸秆等农业废弃物循环利用率达到95%以上，作物使用有机肥氮替代化肥氮达到30%以上，努力实现化肥和农药使用“零”增长，有效降低农业面源污染。

六、带贫效益

1. **产业帮扶** 公司通过“公司＋合作社＋基地＋农户”的模式，与周边农户开展实施蔬菜、苗木花卉种植联营，形成了流转土地挣租金，入园打工挣薪金，贫困群众得分红，一份土地挣三份钱的“三金”模式。

土地流转：通过土地流转带动贫困户67户180人，贫困户土地169.6亩，土地租金不低于1 000元/亩。

到户增收：通过到户增收，帮扶带动五沟营镇康庄村、寇店村、袁庄村、陈坡寨村、留册桥村、龙泉寺村、大崔村、常湾村、后郑村、王阁村、北街村、南街村、东街村、丁崔村、丁王村、吕哨村、洄油赵村17个行政村482户贫困户1 085人；带动师灵镇油坊张村、王寨村，人和乡王孟寺村、大郭村、河沿张村等7个建档立卡贫困村226户545人。每户每年分红 600 元。

金融扶贫：通过金融扶贫带动五沟营镇东街村、南街村、寇店村 3 个村 100 户贫困户 245 人；康庄村、留册桥村、龙泉寺村、丁崔村、洄油赵村 5 个村 190 户贫困户 382 人，每年给每户贫困户分红 2 000 元。

2. **就业帮扶**　在蔬菜收获旺季，招募附近本地农户参与蔬菜采摘，每天有 200 人左右的农民参与生产，公司按时支付他们劳动报酬；公司定期举办技术培训会，给当地农民培训蔬菜种植、畜禽养殖等技术，进行技能培训后签订用工合同、安排上岗就业，取得劳务收入。蔬菜基地、蛋鸡养殖场及有机肥厂提供就业岗位 600 多个，安排本地长期就业人员 220 人，临时就业人员 380 多人。其中，本地贫困户 30 人，帮助贫困户实现年均增收 5 000 元以上。供港蔬菜基地 400 多名员工大部分是贵州贫困山区的，通过到基地工作获得增收，带动了异地扶贫。

提供技能培训

3. **慈善帮扶**　公司每年出资为贫困村王阁村委缴纳电费、卫生费等 20 000 余元；参与西平县脱贫攻坚献真情爱心助学活动，资助贫困大学生 4 名，结对帮扶盆尧镇贫困户 10 户。并不定期举办文艺活动，传递真爱，丰富农村文化活动。此外，采取“爱心工程”帮扶、重大节日慰问、重大困难救助、最低生活保障等多种方式，对贫困户进行帮扶和慰问。

4. **土地托管帮扶**　公司目前托管西平县 10 个乡镇 3 万多亩土地。项目采用“农业的共享集约化模式”，进行规模化、集约化、工业化运营，按照“公司＋合作社＋农户”的做法，结合地方农业产业规划，利用土地产品优势，实现高品质农业种植。

农户把土地交给共享农业合作社管理，合作社和公司合作形成规模。生产所需农资、农机耕种、浇水、收储资金均由公司垫付。合作社负责耕作、种植和管理，龙头企业统一品牌农资保障、统一技术规程和标准指导、统一收储、统一订单销售，收获的产量全部归农民，公司高于市场价5分收购托管贫困户的粮食。通过科学种植和管理，在同等条件下，亩产量至少增收5%，一年两季，每亩地可为农户增收约260元，带动贫困户101户330人、贫困户土地545.4亩。

土地托管方面，公司合作的贫困群众大多都是老弱病残，没有能力耕作土地。他们以土地托管的形式，可以有效地整合资源，让这些土地发挥更大的效益。群众可按照需要进行全托管或半托管的选择，全托管农户把土地托管给公司，公司雇人帮他们经营，农户可从土地上解放出来，外出务工增加收入；半托管农户可到公司进行打工，获得劳务收入。土地托管解决了贫困户土地无人耕作的困扰，还能增加收入，让他们实现真正意义上的脱贫。

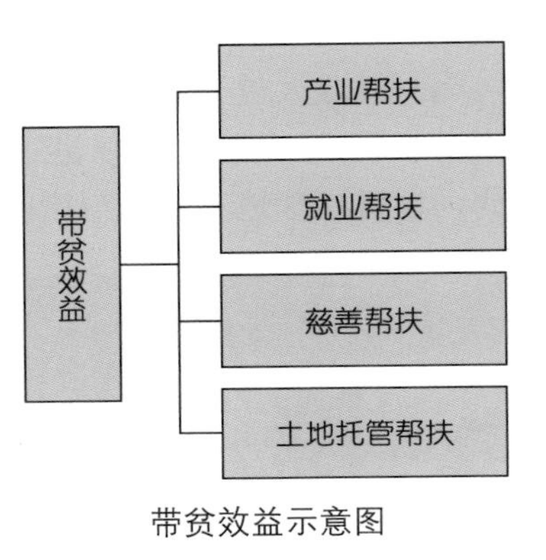

带贫效益示意图

七、启示

1. 减少环境污染，节约肥水资源 种养结合的家庭农场能够解决畜禽养殖带来的污染和历来畜禽生产中尿液与冲洗水处理的难点，做到了资源化利用。而且，粪尿无害化处理肥田技术是种养结合家庭模式重点推行的技术。畜禽产生的粪尿流入收集池，经过处理可以使其变成具有一定肥效的肥料。这样既可以节约肥料和水，还能减少环境污染，解决畜禽粪尿不能及时处理的问题。

2. 变废为宝，增加经济收入 种植业与养殖业的优化组合——种养结合家庭农场，不仅可提高农业生态系统的物质生产能力，而且可提高其经济生产水平，使系统的综合功能得到充分发挥。因此，种养结合家庭农场的发展可提高经济含量。

3. 促进生态农业持续、稳定发展 实行种养结合的模式后，调整种植业与养殖业的结构比例，充分合理地利用农业可再生与不可再生资源，对生产者（种植业）、消费者（养殖业）和分解者等生物种群进行合理调配，使农业系统中的食物链达到最佳优化状态，使系统的正负反馈协调统一。种植业、养殖业的有机结合，实行农、林、水、草合理的农田布局，增加有机肥的投入量，实行有机与无机相结合，减少无机肥及农药的施用量。同时，养殖业、种植业的发展，必将促进并推动农副产品深加工为主的乡镇企业的发展，提高农村经济综合实力，形成种养加一体化的生态农业综合经营体系，大大提高农业生态系统的综合生产力水平。实行种植养殖相结合并不断加强与完善，将不断提高农业生态系统的自我调节能力，最终达到"经济、生态、社会"效益三者的高度统一，有利于农业持续、稳定地发展。

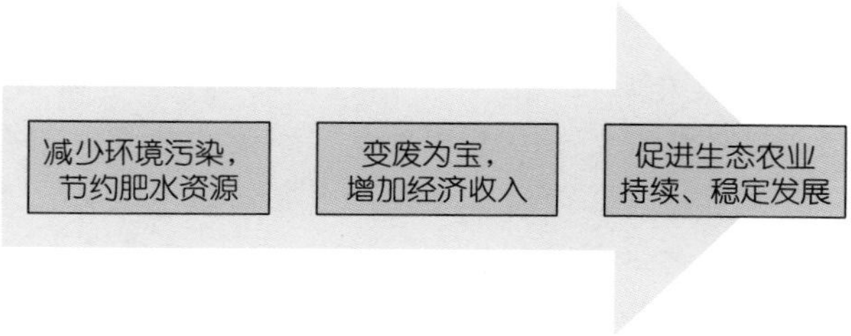

减少环境污染，节约肥水资源 → 变废为宝，增加经济收入 → 促进生态农业持续、稳定发展

启示示意图

湖南益阳：南县南洲镇

导语： 南县位于益阳、岳阳、常德、荆州四大地级市辐射中心，形成“一小时经济圈”。近年来，南县突出发展虾稻米、龟鳖鱼、瓜果菜等特色产业，“南洲稻虾米”“南县草龟”“南县中华鳖”获中国地理标志证明商标认证，“南县小龙虾”成为国家地理标志保护产品。目前，拥有上市公司 1 个、中国驰名商标 3 个、省名牌产品 14 个、省著名商标 11 个。先后被授予“中国挂面之都”“中国稻虾米之乡”“国家卫生县城”“中国生态小龙虾之乡”等荣誉称号，是全国产粮大县、生态农业示范县、生猪调出大县、平安渔业示范县、平安农机示范县和基本农田保护示范区。2015—2017 年，组建了南县小龙虾协会和南县龟鳖协会，成功申报并获得了国家工商行政管理总局授予的南县草龟、南县中华鳖两块“中国地理标志证明商标”和国家质量监督检验检疫总局授予的南县小龙虾“国家地理标志保护产品”金字公用品牌。2017 年 12 月，南县人民政府组织技术人员编制的湖南地方标准《稻虾生态种养技术规程》由湖南省质量技术监督局发布。

一、主体简介

南县南洲镇是南县政治文化经济中心。总面积 88 平方公里，户籍人口 15.6 万人，辖 11 个行政村、10 个社区和 1 个农场，盛产粮、棉、油、菜、湘莲和猪、鱼、虾、龟、鳖、蛙、黄鳝等优质农产品，小龙虾、生猪、淡水鱼、龟、鳖、蛙、黄鳝等主要农产品产量位居全省前列，享有“洞庭鱼米之乡”美誉。南洲镇是南县创新区和经济开发区的核心区域，现已形成以稻虾共生种养模式为主导，稻蛙、稻龟、稻鳖共生为辅，黄鳝、黄颡鱼、才鱼、鳜鱼等特种水产优势产业为主要发展方向，进行高标准、高附加值的生态养殖。现有稻虾共生养殖面积 3 万亩，小龙虾总产量 3 750 吨，小龙虾产值 4 500 万元。特别以顺祥水产、泽水居等龙头企业流转土地，进行集中连片开发，更加带动了整个稻虾产业向更加优质高效、生态环保的方向健康发展。顺祥水产年加工小龙虾 50 000 吨，产品出口到美、欧等地区，顺祥食品有限公司获得“中国小龙虾养殖加工研发中心”基地。注册商标“渔家姑娘”商标，并且“渔家姑娘”被评为中国驰名商标，被农业农村部评为无公害农产品。南洲镇已培育省级龙头企业

2家、市级龙头企业7家、农民专业合作社45家、家庭农场48家。以电商产业园为平台，发展电子商户12家，带动了小龙虾线上销售的新模式。通过举办特色菜品比赛评比，带动了整个南洲城区小龙虾餐饮店菜品的多元化发展，吸引广大外地游客到南县来享受小龙虾的特色美食，“南县小龙虾”被评为中国地理标志证明商标，“南洲稻虾米”被评为中国地理标志集体商标。

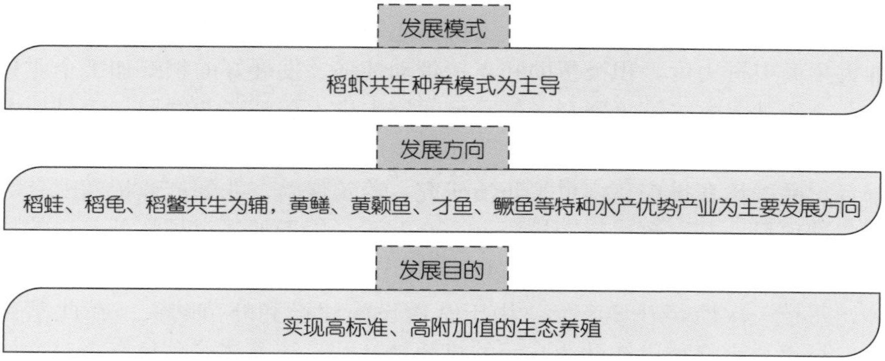

发展模式

稻虾共生种养模式为主导

发展方向

稻蛙、稻龟、稻鳖共生为辅，黄鳝、黄颡鱼、才鱼、鳜鱼等特种水产优势产业为主要发展方向

发展目的

实现高标准、高附加值的生态养殖

主体简介示意图

二、主要模式

1. 模式概括 大力推广生态种养模式。依托自身优势，大力推广“稻蛙共养”和“稻虾共生”等生态种养模式，将其作为基础产业、支柱产业发展，提倡“稻虾共生”“一稻三虾”模式，稻田亩均效益提高到4 400元，生态环境得到很大的改善。以上技术研究成果的转化，得到了全国水产技术推广总站的高度关注，取得了很好的经济效益、生态效益和社会效益。2018年，新增稻虾种养面积10 000亩，总面积达到3万亩。目前，南县千亩“琼湖”现代农业生态产业园正在如火如荼地建设；南县金果稻虾产业园、南洲生态玫瑰园、南县青茅岗世光家庭农场3个特色农业种养基地正在带动周边群众致富。同时，大力发展农产品加工业和休闲农业，着力打造“南县虾稻米”“南县富硒米”品牌，以品牌效益助推稻虾产业发展。以现代农业科技示范园建设为引领，同步推进农业特色产业建设。大力扶持新型农业经营主体，积极鼓励“企业拉动、大户带动”，通过“党建＋企业＋农户”“企业＋自属基地”“扶贫＋企业＋合作社＋农户”等形式，解决小农户与大市场的对接问题，找到了乡村振兴的切入点，真正实现了“匠心向党，产业富民”。截至目前，境内共有农业合作社81家、家庭农场32家以及稻虾、稻蛙、稻虾米等品牌6个。

2. 发展策略 2016年12月，中共南县县委、县政府《关于加快推进稻虾产业发展的实施意见》（南发〔2016〕14号）在南县县委第二十七次常委会研究通过。建立南县龙虾产业发展专项基金，通过市场融资、财政投入，将龙虾产业发展作为县级产业基金重点支持的特色产业。一是积极争取国家和省、市的扶贫资金、农业综合开发资金，积极争取龙头企业以奖代补资金集中投入。同时，整合部门资金支持稻虾产业发展，利用“双畅工程”、粮食高产创建、现代农业产业园建设、新增粮食产能等相关项目，集中资金、统筹使用，重点支持小龙虾养殖基地基础设施建设。二是加大招商引资力度，积极帮助和支持带动性强、发展好的稻虾加工企业和专业合作社多方式筹集资金，鼓励民间资本进入稻虾产业领域。三是加大财政扶持力度，县财政每年安排1 000万元以上，主要用于支持龙虾种苗繁育、品牌培育推广、病虫害防治研究、养殖保险、龙虾产业招商配套等公益性项目。县财政每年安排资金200万元，用于加强对稻虾种养户的技术培训与现场指导。对种养规模超1 000亩且达到基地建设标准的经营主体，每亩一次性奖补200元，用于基础设施建设和虾苗购买。在此基础上，每年每亩虾稻田补助200元的机插秧补贴。统筹扶贫贴息资金对发展稻虾产业主体实行贷款贴息支持，新发展稻虾种养基地超过200亩且确需贷款资金的，金融部门要给予最优贷款利率，县财政按每亩1 000元贷款额度安排50%的贴息支持。整合资金鼓励支持种养户购买稻虾种养保险，对新发展的种养基地统一投保，保费由政府承担50%，养殖户承担50%，降低养殖户投资风险，增强稻虾种养主体发展的信心。南县2017年龙虾保险面积达16万亩，2018年扩大到20万亩。

三、主要做法

1. 农旅融合 南洲镇致力于“洞庭明珠、生态南洲”发展战略，立足镇情，有计划、有步骤地实施包括南洲湿地公园建设在内的国家生态文明示范县创建。南洲镇紧扣生态主题，根据县域“地处洞庭湖腹地”的地理格局，把地脉、水脉、绿脉融为一体；依托国家级南洲湿地公园，打造春赏“油菜花”、夏看“芙蓉花”（荷花）、冬观“芦苇花”，集“三花”于一体的湿地、生态、旅游、休闲城郊公园；不断丰富公园景观，使人文和景致相映，彰显湖乡特色，提升区域品位，着力构建彰显湖乡特色、经济繁荣、社会和谐、人民富裕、环境美好的新南洲。目前，位于南洲镇班嘴村的“情湖湿地旅游度假区”、南洲村的“涂家台生态产业科创园”“生态玫瑰园”、洗马湖村的“洗马湖公园”等项目已初具规模，形成最具话题影响力的生态旅游项目，打造城市旅游观光品牌，实现城市和乡村文明的融合发展。项目通过土地流转、务工就业等多种方式，吸纳项目周边贫困群众深度参与生产经营，从中分享收益，让贫困群众融入产业链、富在产业链。目前，农民参与城市共建人数达 4 000 人以上，户均农民增收 12 460 元，带动 11 个村 152 贫困户 441 人精准脱贫。

2. **镇村融合** 近年来，在新起点上谋划新一轮镇村建设，努力打造传承历史文化、彰显生态之美的“五宜”城市是南洲镇一以贯之的努力目标。一方面，该镇加大环境基础设施投入，强化生态功能区保护，大力打造美丽乡村；另一方面，注重保留村庄原始风貌，不断完善村庄环境整治长效机制，鼓励各村因地制宜、差异化发展。南洲生态玫瑰园是依托原有的田园风光打造的集生态农业、乡村度假、休闲体验、生活艺术等功能于一体的高标准田园综合体。项目总规划面积 2 400 亩，总投资约 1.5 亿元，主要规划有现代农业产业园、亲子营地、农园体验区、田园居家等休闲空间。建成后年税收收入 9 000 万元左右，年接待游客 46 万人次以上，年旅游总收入达 20 万元，新增就业岗位 278 个，农村居民年人均纯收入可增加 1.5 万元。

3. **产业融合** 南洲镇小龙虾加工龙头企业有顺祥食品公司和泽水居农业发展公司 2 家。2015 年 10 月，顺祥食品公司被中国水产流通与加工协会授予“全国小龙虾养殖加工研发中心”，其小龙虾产品年加工能力达到 5 万吨，小龙虾甲壳素年加工能力 2 万吨，生产的整肢虾、调味虾、虾仁远销欧美、韩国、日本等 30 多个国家和地区。2016 年 4 月，南县泽水居农业发展公司挂牌成立，公司计划打造集养殖、技术服务、产品供应和销售、加工、电商于一体的大型小龙虾产业开发综合企业。目前，已经启动养殖、销售、加工和电商，拥有养殖基地 5 000 多亩，2019 年加工小龙虾产品 4 000 吨。县域内年产小龙虾 6.3 万吨，顺祥食品有限公司年加工 17 500 吨，南县小龙虾商品率达 96%。小龙虾产品年出口创汇 3 000 万美元，占湖南省小龙虾出口的 90%以上，已成为湖南省小龙虾加工出口基地。68%的小龙虾通过洞庭农博城小龙虾交易中心鲜销北京、南京、上海、武汉、长沙、广州等大中城市。

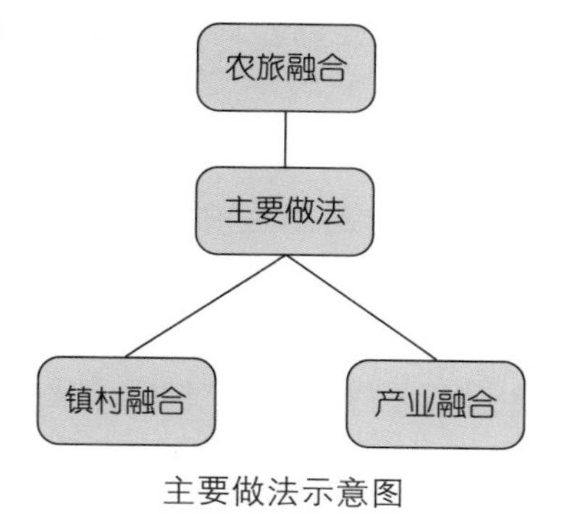

主要做法示意图

四、主要成效

1. **经济效益** 产业规模不断扩大。2018 年，新增稻虾种养面积 1 万亩，总面积达到3万亩。南洲镇已培育省级龙头企业2家、市级龙头企业7家、农民专业合作社45家、家庭农场48家。以电商产业园为平台，发展电子商户12家。

种养效益显著提升。近几年小龙虾价格持续上涨，市场前景看好。2017年，稻虾综合种养亩平均效益在3 500元以上。2018年，仅小龙虾收入亩平均接近5 000元。稻虾米成为时尚生态米，备受消费者青睐，精装稻虾米每千克市场价在25元左右。目前，南县被评为“中国好粮油”行动示范县。南县稻虾米2018年打入国际市场。同时，稻虾配套的关联产业特别是乡村稻虾生态旅游、餐饮业也随之蓬勃发展。

2. **社会效益** 在县委、县政府的政策支持下，在各新型经营主体的带动和引领下，贫困户积极跟进，取得了良好效益。贫困户现在发展“稻虾”产业的热情越来越高，其激发的内生动力也越来越足。目前，农民参与产业发展人数达4 000人以上，户均农民增收12 460元，带动11个村152贫困户441人精准脱贫。

3. **生态效益** 生态环境得到改善。据农业农村部门统计，稻虾共作模式基本可以减化肥70%左右、减农药80%左右。通过实施稻虾共生生态循环发展，每亩增加稻草等有机质投入500多千克，有效提升了耕地质量，改善了水质，促进了水田原生态系统恢复。不仅改善了产地环境，而且对解决洞庭湖和长江中下游流域的水质富营养化问题开辟了新的途径。

五、启示

1. **找准路子是前提** 南县地处洞庭湖区腹地，有低洼水田面积60多万亩，平湖水网湿地生态环境特征显著，具有独特的自然资源优势。通过多次外出考察学习，从2004年开始，南县就积极组装推广了“低洼湿地稻虾生态种养循环农业模式及技术”。经过10多年的摸索实践，找准了稻田套养小龙虾的助民致富新路子。发展稻田养虾既可以确保粮食产能，大幅降低农药、化肥施用量，改善稻米品质，推进质量兴农、绿色兴农，又可以促进农村土地流转，提高土地和水资源的利用率，推进农业产业化经营，实现稻田综合效益大幅提升，可作为推进农业供给侧结构性改革、实施乡村振兴战略、实现产业兴旺的典型样本。

2. **领导重视是关键** 近年来，南县县委、县政府高度重视稻虾产业发展，先后制定出台了规模种养补贴、小龙虾养殖保险、经营主体贴息贷款等系列扶持政策，并积极整合农业综合开发、新增粮食产能工程、农田水利建设等涉农资金，加快推进稻虾产业发展步伐。同时，部、省、市各级领导多次来南县调研指导稻虾产业发展工作，并给予相关项目扶持，农村一二三产业融合发展、农业面源污染综合治理、粮油绿色高产创建等一批项目相继落户南县，为推进稻虾产业发展注入了强劲动力。

3. **部门配合是保障**　南县稻虾产业得以快速发展，除了县委、县政府的英明决策和农业、畜水部门的强力推动外，同时也得到了县财政、发改、农机、水务、科工、金融以及各乡镇多部门的积极配合、鼎力支持。发改部门的统筹规划、财政部门的惠民扶持、水务部门的配套设施建设、科工部门的企业培育、农业部门的技术推广、农机部门的机械化推广以及金融部门信贷支持等，都不遗余力地给予支持，形成了强劲的工作合力，助推南县稻虾综合产业强势发展。

4. **助民增收是核心**　在推进产业发展过程中，只有坚持以农民增收为核心，让农民得实惠，才能形成产业发展的持久动力。目前，南县从事小龙虾养殖的种养户发展到 38 500 户，从事小龙虾产业人员达 12.8 万人，小龙虾经纪人 3 200 人，带动就业机会 8 000 余个，从事稻虾产业的农户年纯收入达数万元。同时，南县借助稻虾产业发展契机，结合美丽乡村建设、休闲观光农业和乡村旅游产业发展，大力推进土地整理、水利建设和电、路、气、通信等配套设施建设，农村生产生活条件不断改善。

湖南湘潭：湘潭县花石镇

导语： 湘潭市位于湖南省的中部偏东地区，属衡山山脉的小丘陵地带。地貌以平原、岗地、丘陵为主，近80%的面积在海拔150米以下。在全部土地总面积中，水面427平方公里，占8.5%。显然，传统渔业养殖受自然条件的制约，有一定的局限性。湘潭市转变渔业发展方式，调整渔业养殖品种结构，走特色发展之路，特色水产养殖已成为湘潭市渔业增产、农民增收的主要动力。其中，莲渔综合种养模式自成一体、特色显著。

湘潭市因盛产湘莲而别称“莲城”，所辖湘潭县有“湘莲之乡”的美誉。湘潭县花石镇自古就有种莲习惯，湘莲种植面积大，因地制宜地发展了莲渔综合种养立体生态农业生产模式，并优化成“公司(合作社)+农户”、莲鱼产品深加工、“观光+垂钓”等模式，使得莲、鱼双丰收，提高了土地效益，增加了农民收入。

一、主体简介

湘潭县莲鱼养殖历史悠久，农民习惯在莲田里放养鱼苗，使得莲与鱼融合互补、和谐共生。渔业技术部门努力研究、推广莲鱼养殖技术，并形成规范化、规模化的莲渔综合种养模式。2019年，湘潭县有莲田5.6万亩，莲渔综合种养面积达到1.26万亩。

花石镇有莲田2.2万亩，是全国最大的湘莲生产基地和湘莲（子）贸易集散中心。花石镇莲渔综合种养面积6 500亩，其中，莲虾2 660亩、莲鱼3 840亩。莲渔综合种养面积200～499亩的有4户，共1 500亩；100～199亩的有5户，共840亩；50～99亩有10户，共780亩；50亩以下的有24户，共720亩。可见，莲渔综合种养不受莲田面积大小的限制。花石镇内有莲渔综合种养企业2家、农民合作社5家、家庭农场24个，从业人员800余人。2018年，花石镇莲渔综合种养模式下产莲460吨（亩平均70.7千克）、产虾210吨（亩平均79千克）、产鱼468吨（亩平均134.5千克）。

显然，莲渔综合种养成效显著并具有巨大的发展空间。

二、主要模式

1. 莲渔综合种养的基本操作模式　主要有两种模式：“公司（合作

社）+农户”模式和“观光+垂钓”模式。

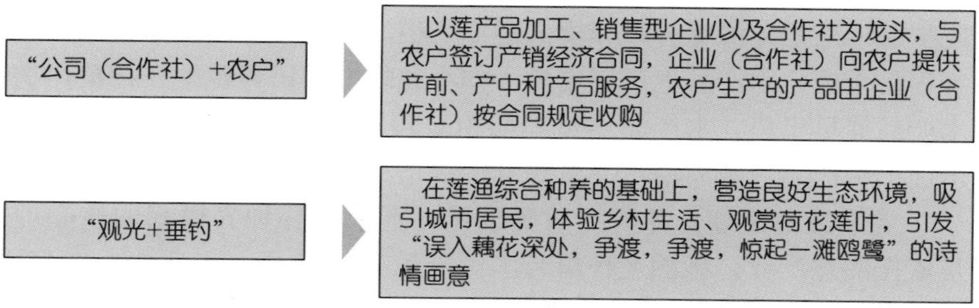

“公司（合作社）+农户”	以莲产品加工、销售型企业以及合作社为龙头，与农户签订产销经济合同，企业（合作社）向农户提供产前、产中和产后服务，农户生产的产品由企业（合作社）按合同规定收购
“观光+垂钓”	在莲渔综合种养的基础上，营造良好生态环境，吸引城市居民，体验乡村生活、观赏荷花莲叶，引发“误入藕花深处，争渡，争渡，惊起一滩鸥鹭”的诗情画意

发展模式示意图

“公司（合作社）+农户”模式，即以莲产品加工、销售型企业以及合作社为龙头，与农户签订产销经济合同，企业（合作社）向农户提供产前、产中和产后服务，农户生产的产品由企业（合作社）按合同规定收购。这样，农户只管生产，没有了“菜贱伤农”的后顾之忧。

“观光+垂钓”模式，在莲渔综合种养的基础上，营造良好生态环境，吸引城市居民，体验乡村生活、观赏荷花莲叶，引发“误入藕花深处，争渡，争渡，惊起一滩鸥鹭”的诗情画意。

养殖方式：莲渔综合种养是指利用莲田，按照《稻渔综合种养通则》要求开挖渔沟、渔凼，同时对莲田田埂进行加高、加固，改造进排水渠，有利于水产养殖，年初投放水产苗种，年底起捕。形成底部种植湘莲，沟凼套养鱼类，利用鱼类捕捉莲田害虫，鱼类的粪便、莲田内腐殖质可作肥源，产生浮游生物可作为各种鱼类的饵料。莲鱼共生既不需要施用农药，还能使水质净化。同时，莲藕加工后的藕节等废弃物粉碎发酵后可作为鱼的补充饲料，种养过程可实现全程循环利用。

2. 莲渔综合种养的优势　莲渔综合种养模式与稻渔综合种养模式在生产方法上相类似，主要特点：一是鱼类等可以清除稻（莲）田中的杂草、害虫，可减少施投农药的劳力及费用的支出，节省劳动力和生产支出。二是增加了土壤有机物的含量，增强了土壤的肥力，相应减少化肥的使用，改善了生态环境。三是鱼类不仅吞食农作物的病害虫，而且清除了蚊子幼虫，有利于农村的环境卫生。此外，如养殖虾蟹还能大量消灭稻（莲）田中的螺类，特别是钉螺，从而大量减少血吸虫病的中间媒介。四是甲壳类对农药十分敏感，稻（莲）田养鱼通常不用农药。因此，稻（莲）鱼养殖产品，均为无公害的水产品，自然能提高经济价值和效益。

莲渔综合种养模式优势更加明显：一是莲田蓄水高于稻田至少50厘米，而蓄水深度越深，鱼类的生存、活动范围就越大，抗应变能力越强，养殖量也就越大。二是莲茎占水体小而荷叶挺出水面高，叶下阴凉处更多，有利于水温保持稳定，适应鱼类生长，同时为鱼类躲避敌害捕食提供了庇护所。三是莲渔综合种养模式避免了稻渔综合种养模式中，浅灌、晒田等稻鱼矛盾，水产品生产期更长。如小龙虾的稻田养殖须在种植作物前将水产品捕尽出售，水产品养殖周期相对较短，而莲田可全年保持水深。既增加了水产品养殖周期，又可错峰销售增加销售额。

3. 花石镇莲渔综合种养的前景设计 莲渔综合种养模式的核心理念就是依托湘莲产业，将湘莲种植与水产养殖有机结合，实现“一地多用、一举多得、一季多收”，为社会提供优质安全的湘莲产品和水产品，提高农业综合生产能力。

花石镇政府计划“四步走”，进一步推进以莲渔综合种养为主要生产模式的产业发展。

（1）湘莲核心产业优先发展。花石镇确定了政府指导、湘莲协会引导，助推湘莲产业发展的规划，明确了莲渔综合种养模式是良性可持续的生态农业定位。目前，花石镇湘莲种植面积达 2.2 万亩，有规模湘莲工业企业 11 家，从事湘莲加工人员超 2 万人，湘莲年吞吐量超 15 万吨，年产值逾 40 亿元，是全国最大的湘莲生产基地和莲子贸易集散中心，交易量占全国湘莲市场 90%以上。

（2）依托湘莲产业发展莲渔综合种养。目前，花石镇莲渔综合种养面积 6 500 亩，只占湘莲种植面积的 1/4，乡政府和湘莲协会鼓励并支持有条件的农户都开展莲渔综合种养。

位于花石镇和平村极星组的湘潭县虾田蟹地种养专业合作社，投资 200 万元，流转土地 202 亩，实行莲、虾、蟹共养，开展莲渔综合种养，目前有社员 5 人，安排当地 20 名农民就业。2019 年初再次流转土地 150 亩，准备大力发展莲渔综合种养。

（3）莲渔产品深加工。目前，花石镇共有湘莲省级农业产业化龙头企业 2 家、市级 5 家，“三品一标”有“粒粒珍”“莲美”“莲冠湘”“潭莲”等绿色食品品牌。又开发出了银耳莲子羹、藕粉以及荷叶茶等精、深加工湘莲产品。依托湘莲产业延伸出的成熟产业链，扩展水产品的产业链，提升水产品品质。

（4）延伸休闲旅游业。花石镇已基本完成花石旅游发展规划、花石镇核心区控制性详细规划、湘莲产业发展规划，依托万亩湘莲基地、十八罗汉山和花石水库，结合汉城桥、观政桥、龙口老街和八路军南下支队司令部遗址纪念碑等人文历史古迹，打造“赏荷之旅”休闲观光路线。以文化带动旅游、以旅游带动经济发展。

当地莲渔综合种养户也乘上了湘莲旅游产业这艘“大船”。2018 年，花石镇罗汉村李家组赛旺养殖场（合作社）的 120 亩莲渔综合种养基地莲花盛开，吸引了大量游客前来赏莲花、摘莲蓬、吃莲子、钓荷鱼。赛旺种养合作社共接待游客 455 人次，销售鲜莲子 4 300 余斤，销售额达 12.5 余万元，垂钓收入 1.5 万余元。

4. **政府支持是重要力量**　在花石镇实施莲渔综合种养过程中，主要遇到两个方面的问题：一是莲田提质改造，村民不理解；二是水资源相对紧缺，取水困难。

政府发挥了重要的协调作用：一是在流转土地时，村委会与村民签订土地流转协议，按照统一标准，从村民手中集中土地。之后，再与企业（合作社）签订土地租赁合同。二是发生利益纠纷时，村委会出面协调、解释、做工作，使得企业（合作社）可以大胆按计划开展生产，村民也可以保障利益，消除顾虑。三是村委会积极为企业（合作社）解决生产中的疑难问题，如出谋划策提供改水计划，并提供相应政策支持。

三、利益联结机制

目前，主要利益联结机制是以固定分红和增加就业机会为主。

1. **龙头企业带动**　如北马峰生态农业科技发展有限公司以雇用方式，带动周边贫困户 18 人就业，人均月收入达 3 000 元。

2. **合作社带动**　如湘潭县虾田蟹地种养专业合作社与和平村 75 户村民更新土地流转合同，流转土地 352 亩，每亩土地 400 元/年，村民可在外出打工赚钱的同时享受土地租金。

3. **大户带动**　如花石镇金枫村的谭向前，流转土地 120 亩进行莲渔综合种养，常年需要人手帮忙，其雇用贫困户种莲、摘莲，带动周围 4 户贫困户增收致富。

四、主要成效

1. **经济效益**　花石镇 2018 年莲渔综合种养产莲 460 吨，剥好的白莲卖 40 元/千克，带壳的 20 元/千克，铁莲即老莲子 16 元/千克，按莲子平均价格 18 元/千克来算，产值有 828 万元；产小龙虾 210 吨，按照小龙虾平均价 30 元/千克，产值有 630 万元；产鱼 468 吨，因鱼种类不同、大小重量不同，平均约 10 元/千克，产值 468 万元。产值合计达到 1 926 万元，纯利润在 330 万元以上。

2. **社会效益**　一是土地利用率提高。莲田养鱼属于集约经营的一种，是解决我国田少人多状况的有效办法。这种方式能立体利用农田，以尽可能少的物质和能量的投入，生产出数量更多、质量更佳的莲子和水产品。这对于制造出优质高产、高能低耗、合理的农业生态系统有很大帮助，这也是现代化农业的目标之一。二是单一生产模式的革新。莲渔综合种养改善了莲田经济结构，是农民致富的有效途径。三是消灭寄生虫。鱼类能够吃掉莲田中的孑孓、血丝虫等害虫，进而避免了疟疾和丝虫病的发生与流行。鱼类可以消灭害虫，少用甚至不用农药，减少了对环境的污染，改善了农村卫生状况。此外，减少了农药的使用，也直接或间接减少了有害物质在人体中的积累，有利于提高人民的健康水平。

3. **生态效益** 莲渔综合种养改善了莲田生态环境，防止了水土流失。莲田病虫害、杂草明显减少，减少农药及化肥使用，治理了农田有机废物污染。不仅降低了生产成本，保护了生态环境，还提高莲子和水产品的品质，为推进绿色生态农业、促进本地水产品生产安全和可持续发展起到积极的作用，符合农业可持续发展战略和现代农业的发展需求。这是名副其实的资源节约型、环境友好型、食品安全型的生产模式。不仅社会效益、经济效益明显提高，而且生态效益显著。

五、启示

1. **政府支持是产业发展的重要支柱** 2019 年，湘潭市将莲渔产业发展写入了市委 1 号文件。市、县、乡政府高度重视，进行完善的产业规划，加强行业管理，发挥行业协会作用，保障了行业健康有序发展。

2. **莲渔品牌推广是必由之路** 花石镇连续 3 年成功举办湘潭·花石“赏荷之旅”暨“湘莲产品文化节”活动，充分展示了湘莲的独特魅力，进一步提升了湘莲品牌的知名度和美誉度。为积极培育地方性特色品牌、打造湘潭“荷花鱼”品牌创造了条件。

3. **专业技术人才是保障** 通过学习、交流，加强与科研院所的合作，引进专家团队，开展产学研合作、科技攻关，提高产业技术水平，培育水产人才，完善莲渔综合种养模式的标准化建设，提高莲渔综合种养科技含量，推动莲渔综合种养规模化。

政府支持是产业发展的重要支柱	莲渔品牌推广是必由之路	专业技术人才是保障

发展启示示意图

附　　录

附录1　国务院办公厅关于稳定生猪生产促进转型升级的意见

国办发〔2019〕44号

各省、自治区、直辖市人民政府，国务院各部委、各直属机构：

养猪业是关乎国计民生的重要产业，猪肉是我国大多数居民最主要的肉食品。发展生猪生产，对于保障人民群众生活、稳定物价、保持经济平稳运行和社会大局稳定具有重要意义。近年来，我国养猪业综合生产能力明显提升，但产业布局不合理、基层动物防疫体系不健全等问题仍然突出，一些地方忽视甚至限制养猪业发展，猪肉市场供应阶段性偏紧和猪价大幅波动时有发生。非洲猪瘟疫情发生以来，生猪产业的短板和问题进一步暴露，能繁母猪和生猪存栏下降较多，产能明显下滑，稳产保供压力较大。为稳定生猪生产，促进转型升级，增强猪肉供应保障能力，经国务院同意，现提出如下意见。

一、总体要求

（一）指导思想。以习近平新时代中国特色社会主义思想为指导，全面贯彻党的十九大和十九届二中、三中全会精神，按照党中央、国务院决策部署，坚持稳中求进工作总基调，发挥市场在资源配置中的决定性作用，以保障猪肉基本自给为目标，立足当前恢复生产保供给，着眼长远转变方式促转型，强化责任落实，加大政策扶持，加强科技支撑，推动构建生产高效、资源节约、环境友好、布局合理、产销协调的生猪产业高质量发展新格局，更好满足居民猪肉消费需求，促进经济社会平稳健康发展。

（二）发展目标。生猪产业发展的质量效益和竞争力稳步提升，稳产保供的约束激励机制和政策保障体系不断完善，带动中小养猪场（户）发展的社会化服务体系逐步健全，猪肉供应保障能力持续增强，自给率保持在95%左右。到2022年，产业转型升级取得重要进展，养殖规模化率达到58%左右，规模养猪场（户）粪污综合利用率达到78%以上。到2025年，产业素质明显提升，养殖规模化率达到65%以上，规模养猪场（户）粪污综合利用率达到85%以上。

（三）省负总责。各省（自治区、直辖市）人民政府对本地区稳定生猪生产、保障市场供应工作负总责，主要负责人是第一责任人，要加强组织领导，强化规划引导，出台专门政策，在养殖用地、资金投入、融资服务、基层动物防疫机构队伍建设等方面优先安排、优先保障。生猪主产省份要积极发展生猪生产，做到稳产增产；主销省份要确保一定的自给率。各地区要增强大局意识，把握发展阶段，尊重市场规律，不得限制养猪业发展；严格落实“菜篮子”市长负责制，尽快将生猪生产恢复到正常水平，切实做好生猪稳产保供工作。

二、稳定当前生猪生产

（四）促进生产加快恢复。继续实施种猪场和规模养猪场（户）贷款贴息政策，期限延长至2020年12月31日，并将建设资金贷款纳入贴息范围。对2020年底前新建、改扩建种猪场、规模养猪场（户）和禁养区内规模养猪场（户）异地重建加大支持力度，重点加强动物防疫、环境控制等设施建设。鼓励地方结合实际加大生猪生产扶持力度。省级财政要落实生猪生产稳定专项补贴等措施，对受影响较大的生猪调出大县的规模养猪场（户）给予临时性生产补助，稳定能繁母猪和生猪存栏。银行业金融机构要积极支持生猪产业发展，不得对养猪场（户）和屠宰加工企业盲目限贷、抽贷、断贷。省级农业信贷担保公司在做好风险防控的基础上，要把支持恢复生猪生产作为当前的重要任务，对发生过疫情及扑杀范围内的养猪场（户），提供便利、高效的信贷担保服务。

（五）规范禁养区划定与管理。严格依法依规科学划定禁养区，除饮用水水源保护区，风景名胜区，自然保护区的核心区和缓冲区，城镇居民区、文化教育科学研究区等人口集中区域以及法律法规规定的其他禁止养殖区域之外，不得超范围划定禁养区。各地区要深入开展自查，对超越法律法规规定范围划定的禁养区立即进行调整。对禁养区内确需关停搬迁的规模养猪场（户），地方政府要安排用地支持异地重建。各省（自治区、直辖市）要于2019年10月底前将自查结果及调整后的禁养区划定情况报生态环境部、农业农村部备核。

（六）保障种猪、仔猪及生猪产品有序调运。进一步细化便捷措施，保障符合条件的种猪和仔猪调运，不得层层加码禁运限运。优化种猪跨省调运检疫程序，重点检测非洲猪瘟，对其他病种开展风险评估，简化实验室检测，降低调运成本。将仔猪及冷鲜猪肉纳入鲜活农产品运输“绿色通道”政策范围。2020 年 6 月 30 日前，对整车合法运输种猪及冷冻猪肉的车辆，免收车辆通行费。

（七）持续加强非洲猪瘟防控。进一步压实政府、部门和生猪产业各环节从业者责任，不折不扣落实疫情监测排查报告、突发疫情应急处置、生猪运输和餐厨废弃物监管等现行有效防控措施，确保疫情不反弹，增强养殖信心。坚持疫情日报告制度，严格实施产地检疫和屠宰检疫，对瞒报、迟报疫情导致疫情扩散蔓延的，从严追责问责。落实好非洲猪瘟强制扑杀补助政策，加快补助资金发放，由现行按年度结算调整为每半年结算发放一次。对财政困难的县市，省级财政要加大对扑杀补助的统筹支持力度，降低或取消县市级财政承担比例。

（八）加强生猪产销监测。加大生猪生产统计调查频次，为宏观调控决策提供及时有效支撑。建立规模养猪场（户）信息备案管理和生产月度报告制度，及时、准确掌握生猪生产形势变化。强化分析预警，定期发布市场动态信息，引导生产，稳定预期。

（九）完善市场调控机制。认真执行《缓解生猪市场价格周期性波动调控预案》，严格落实中央和地方冻猪肉储备任务，鼓励和支持有条件的社会冷库资源参与猪肉收储。合理把握冻猪肉储备投放节奏和力度，多渠道供应销售猪肉，确保重要节假日猪肉市场有效供应，保持猪肉价格在合理范围。及时启动社会救助和保障标准与物价上涨挂钩联动机制，有效保障困难群众基本生活。加快发展禽肉、牛羊肉等替代肉品生产。统筹利用国际国内两个市场、两种资源，更好地保障市场供应。

三、加快构建现代养殖体系

（十）大力发展标准化规模养殖。按照“放管服”改革要求，对新建、改扩建的养猪场（户）简化程序、加快审批。有条件的地方要积极支持新建、改扩建规模养猪场（户）的基础设施建设。中央预算内投资继续支持规模养猪场（户）提升设施装备条件。深入开展生猪养殖标准化示范创建，在全国创建一批可复制、可推广的高质量标准化示范场。调整优化农机购置补贴机具种类范围，支持养猪场（户）购置自动饲喂、环境控制、疫病防控、废弃物处理等农机装备。

（十一）积极带动中小养猪场（户）发展。鼓励有意愿的农户稳步扩大养殖规模。各地区要创新培训形式，帮助中小养猪场（户）提高生产经营管理水平。鼓励各地区通过以奖代补、先建后补等方式，支持中小养猪场（户）改进设施装备条件。发挥龙头企业和专业合作经济组织带动作用，通过统一生产、统一营销、技术共享、品牌共创等方式，与中小养猪场（户）形成稳定利益共同体。培育壮大生产性服务业，采取多种方式服务中小养猪场（户）。对散养农户要加强指导帮扶，不得以行政手段强行清退。

（十二）推动生猪生产科技进步。加强现代生猪良种繁育体系建设，实施生猪遗传改良计划，提升核心种源自给率，提高良种供应能力。加大现代种业提升工程投入，推动核心育种场建设与生猪产能相适应，支持地方猪保种场、保护区和基因库完善基础设施条件，促进地方猪种保护与开发。实施生猪良种补贴，推广人工授精技术，积极支持养猪场（户）购买优良种猪精液。推进生猪养殖抗菌药物减量使用，实施促生长抗菌药物退出计划，研发和推广替代产品。加快推进生猪全产业链信息化，推广普及智能养猪装备，提高生产经营效率。

（十三）加快养殖废弃物资源化利用。继续实施粪污资源化利用项目，将符合条件的非畜牧大县纳入实施范围。推行种养结合，支持粪肥就地就近运输和施用，配套建设粪肥田间储存池、沼液输送管网、沼液施用设施等，打通粪肥还田通道。各地区要建立健全病死猪无害化处理体系，及时足额落实地方补助资金，确保无害化处理企业可持续运行。

（十四）加大对生猪主产区支持力度。统筹资源环境条件，引导生猪养殖向环境容量大的地区转移，支持大型生猪养殖企业全产业链布局。鼓励生猪主销省份支持主产省份发展生猪生产，通过资源环境补偿、跨区合作建立养殖基地等方式，推动形成销区补偿产区的长效机制。发挥生猪调出大县支撑保障作用，加大对生猪调出大县的支持力度，增加奖励资金规模，优化生猪调出大县动态调整机制，支持生猪生产发展和流通基础设施建设。

四、完善动物疫病防控体系

（十五）提升动物疫病防控能力。统筹做好非洲猪瘟以及口蹄疫、猪瘟、高致病性猪蓝耳病等重大动物疫病防控工作。加快非洲猪瘟疫苗研发。加强疫病防控技术培训和分类指导，提升养猪场（户）生物安全防护水平。加快实施分区防控，建立健全区域联防联控工作机制。支持有条件的地区和企业建设无疫区和无疫小区。

（十六）强化疫病检测和动物检疫。加强公共检测机构能力建设，支持县级动物疫病预防控制中心完善设施装备，改善基层兽医实验室疫病检测条件。鼓励发展多种形式的第三方检测服务机构，推行政府购买社会化兽医服务。指导督促生产经营主体配备检测设施装备，提升自检能力。动物卫生监督机构和工作人员要严格执行检疫规程，认真履职尽责。严肃查处不检疫就出证或无正当理由拒绝检疫出证等违规行为。

（十七）加强基层动物防疫队伍建设。依托现有机构编制资源，建立健全动物卫生监督机构和动物疫病预防控制机构。在农业综合行政执法改革中，结合建立执法事项清单，落实动物防疫执法责任，突出强化动物防疫执法力量。加强乡镇畜牧兽医站建设，配备与养殖规模和工作任务相适应的防疫检疫等专业技术人员，县级畜牧兽医管理部门要加强监督指导，必要时采取措施增强工作力量。地方财政要保障工作经费和专项业务经费，改善设施装备条件，落实工资待遇和有关津贴，确保基层动物防疫、检疫和监督工作正常开展。

五、健全现代生猪流通体系

（十八）加快屠宰行业提挡升级。引导生猪屠宰加工向养殖集中区域转移，鼓励生猪就地就近屠宰，实现养殖屠宰匹配、产销顺畅衔接。开展生猪屠宰标准化创建，加快小型生猪屠宰厂（场）点撤停并转。严格执行生猪屠宰环节非洲猪瘟自检和驻场官方兽医制度，对不符合检疫检测要求的屠宰厂（场），要依法限期整改，整改不到位的责令关停。鼓励生猪调出大县建设屠宰加工企业和洗消中心，在用地、信贷等方面给予政策倾斜。

（十九）变革传统生猪调运方式。顺应猪肉消费升级和生猪疫病防控的客观要求，实现“运猪”向“运肉”转变，逐步减少活猪长距离跨省（自治区、直辖市）调运。加强大区域内生猪产销衔接，生猪主销省份要主动与主产省份建立长期稳定的供销关系，实现大区域内供需大体平衡，除种猪和仔猪外，原则上活猪不跨大区域调运。推行猪肉产品冷链调运，加快建立冷鲜肉品流通和配送体系，实现“集中屠宰、品牌经营、冷链流通、冷鲜上市”。冷链物流企业用水、用电、用气价格与工业同价，降低物流成本。加强猪肉消费宣传引导，提高冷鲜肉消费比重。

（二十）加强冷链物流基础设施建设。逐步构建生猪主产区和主销区有效对接的冷链物流基础设施网络。鼓励屠宰企业建设标准化预冷集配中心、低温分割加工车间、冷库等设施，提高生猪产品加工储藏能力。鼓励屠宰企业配备必要的冷藏车等设备，提高长距离运输能力。鼓励生猪产品主销区建设标准化流通型冷库、低温加工处理中心、冷链配送设施和冷鲜肉配送点，提高终端配送能力。

六、强化政策措施保障

（二十一）加大金融政策支持。完善生猪政策性保险，提高保险保额、扩大保险规模，并与病死猪无害化处理联动，鼓励地方继续开展并扩大生猪价格保险试点。创新金融信贷产品，探索将土地经营权、养殖圈舍、大型养殖机械等纳入抵质押物范围。银行业金融机构要立足自身职能定位，在依法合规、风险可控的前提下积极为生猪生产发展提供信贷支持。

（二十二）保障生猪养殖用地。各地区要遵循种养结合、农牧循环的客观要求，在编制国土空间规划时，合理安排新增生猪养殖用地。完善设施农用地政策，合理增加附属设施用地规模，取消15亩上限，保障废弃物处理等设施用地需要。鼓励利用农村集体建设用地和“四荒地”（荒山、荒沟、荒丘、荒滩）发展生猪生产，各地区可根据实际情况制定支持政策措施。

（二十三）强化法治保障。加快修订动物防疫法、生猪屠宰管理条例，研究修订兽药管理条例等法律法规，健全生猪产业法律制度体系。严格落实畜牧法、动物防疫法、农产品质量安全法、食品安全法等法律法规，加大执法监管力度，督促养猪场（户）、屠宰加工企业等市场主体依法依规开展生产经营活动。加强对畜牧兽医行政执法工作的指导，依法查处生猪养殖、运输、屠宰、无害化处理等环节的违法违规行为。

各地区、各有关部门要根据本意见精神，按照职责分工，加大工作力度，抓好工作落实。各省（自治区、直辖市）要在今年年底前，将贯彻落实情况报国务院。明年国务院将适时开展生猪生产和供应情况督查，督查情况通报各地区。

国务院办公厅

2019年9月6日

附录 2 国务院办公厅关于推进奶业振兴保障乳品质量安全的意见

国办发〔2018〕43 号

各省、自治区、直辖市人民政府，国务院各部委、各直属机构：

奶业是健康中国、强壮民族不可或缺的产业，是食品安全的代表性产业，是农业现代化的标志性产业和一二三产业协调发展的战略性产业。近年来，我国奶业规模化、标准化、机械化、组织化水平大幅提升，龙头企业发展壮大，品牌建设持续推进，质量监管不断加强，产业素质日益提高，为保障乳品供给、促进奶农增收作出了积极贡献，但也存在产品供需结构不平衡、产业竞争力不强、消费培育不足等突出问题。为推进奶业振兴，保障乳品质量安全，提振广大群众对国产乳制品信心，进一步提升奶业竞争力，经国务院同意，现提出以下意见。

一、总体要求

（一）指导思想。全面贯彻党的十九大和十九届二中、三中全会精神，以习近平新时代中国特色社会主义思想为指导，认真落实党中央、国务院决策部署，统筹推进“五位一体”总体布局和协调推进“四个全面”战略布局，坚定不移贯彻新发展理念，按照高质量发展的要求，以实施乡村振兴战略为引领，以优质安全、绿色发展为目标，以推进供给侧结构性改革为主线，以降成本、优结构、提质量、创品牌、增活力为着力点，强化标准规范、科技创新、政策扶持、执法监督和消费培育，加快构建现代奶业产业体系、生产体系、经营体系和质量安全体系，不断提高奶业发展质量效益和竞争力，大力推进奶业现代化，做大做强民族奶业，为决胜全面建成小康社会提供有力支撑。

（二）基本原则。

创新驱动，绿色发展。强化科技创新，推动管理制度改革，推进节本增效，提高奶业综合生产能力。因地制宜，合理布局，种养结合，草畜配套，促进养殖废弃物资源化利用，推动奶业生产与生态协同发展。

利益联结，共享共赢。坚持产业一体化发展方向，延伸产业链，建立奶农和乳品企业之间稳定的利益联结机制，推进形成风险共担、利益共享的产业格局，增强奶农抵御市场风险的能力，实现一二三产业协调发展。

问题导向，重点攻关。针对当前奶业发展不平衡不充分的问题，以关键环节和重点难点为突破口，着力提高奶业供给体系的质量和效率，提升乳品质量安全水平，更好适应消费需求总量和结构变化。

市场主导，政府支持。处理好政府与市场的关系，充分发挥市场在资源配置中的决定性作用，强化乳品企业市场主体作用，优化资源配置，增强发展活力。更好发挥政府在宏观调控、政策引导、支持保护、监督管理等方面的作用，维护公平有序的市场环境。

（三）主要目标。到2020年，奶业供给侧结构性改革取得实质性成效，奶业现代化建设取得明显进展。奶业综合生产能力大幅提升，100头以上规模养殖比重超过65%，奶源自给率保持在70%以上。产业结构和产品结构进一步优化，婴幼儿配方乳粉的品质、竞争力和美誉度显著提升，乳制品供给和消费需求更加契合。乳品质量安全水平大幅提高，产品监督抽检合格率达到99%以上，消费信心显著增强。奶业生产与生态协同发展，养殖废弃物综合利用率达到75%以上。到2025年，奶业实现全面振兴，基本实现现代化，奶源基地、产品加工、乳品质量和产业竞争力整体水平进入世界先进行列。

二、加强优质奶源基地建设

（四）优化调整奶源布局。突出重点，巩固发展东北和内蒙古产区、华北和中原产区、西北产区，打造我国黄金奶源带。积极开辟南方产区，稳定大城市周边产区。以荷斯坦牛等优质高产奶牛生产为主，积极发展乳肉兼用牛、奶水牛、奶山羊等其他奶畜生产，进一步丰富奶源结构。

（五）发展标准化规模养殖。开展奶牛养殖标准化示范创建，支持奶牛养殖场改扩建、小区牧场化转型和家庭牧场发展，引导适度规模养殖。支持奶牛养殖大县整县推进种养结合，发展生态养殖。推广应用奶牛场物联网和智能化设施设备，提升奶牛养殖机械化、信息化、智能化水平。加强奶牛口蹄疫防控和布鲁氏菌病、结核病监测净化工作，做好奶牛常见病防治。

（六）加强良种繁育及推广。建立全国奶牛育种大数据和遗传评估平台，完善种牛质量评价制度，构建现代奶牛遗传改良技术体系和组织管理体系。扩大奶牛生产性能测定范围，加快应用基因组选择技术。支持奶牛育种联盟发展，联合开展青年公牛后裔测定。大力引进和繁育良种奶牛，打造高产奶牛核心育种群，建设一批国家核心育种场。加大良种推广力度，提升良种化水平，提高奶牛单产量。

（七）促进优质饲草料生产。推进饲草料种植和奶牛养殖配套衔接，就地就近保障饲草料供应，实现农牧循环发展。建设高产优质苜蓿示范基地，提升苜蓿草产品质量，力争到2020年优质苜蓿自给率达到80%。推广粮改饲，发展青贮玉米、燕麦草等优质饲草料产业，推进饲草料品种专业化、生产规模化、销售市场化，全面提升种植收益、奶牛生产效率和养殖效益。

三、完善乳制品加工和流通体系

（八）优化乳制品产品结构。统筹发展液态乳制品和干乳制品。因地制宜发展灭菌乳、巴氏杀菌乳、发酵乳等液态乳制品，支持发展奶酪、乳清粉、黄油等干乳制品，增加功能型乳粉、风味型乳粉生产。鼓励使用生鲜乳生产灭菌乳、发酵乳和调制乳等乳制品。

（九）提高乳品企业竞争力。引导乳品企业与奶源基地布局匹配、生产协调。鼓励企业兼并重组，提高产业集中度，培育具有国际影响力和竞争力的乳品企业。依法淘汰技术、能耗、环保、质量、安全等不达标的产能，做强做优乳制品加工业。支持企业开展产品创新研发，优化加工工艺，完善质量安全管理体系，增强运营管理能力，降低生产成本，提升产品质量和效益。支持奶业全产业链建设，促进产业链各环节分工合作、有机衔接，有效控制风险。

（十）建立现代乳制品流通体系。发展智慧物流配送，鼓励建设乳制品配送信息化平台，支持整合末端配送网点，降低配送成本。促进乳品企业、流通企业和电商企业对接融合，推动线上线下互动发展，促进乳制品流通便捷化。鼓励开拓“互联网＋”、体验消费等新型乳制品营销模式，减少流通成本，提高企业效益。支持低温乳制品冷链储运设施建设，制定和实施低温乳制品储运规范，确保产品安全与品质。

（十一）密切养殖加工利益联结。培育壮大奶农专业合作组织，推进奶牛养殖存量整合，支持有条件的养殖场（户）建设加工厂，提高抵御市场风险能力。支持乳品企业自建、收购养殖场，提高自有奶源比例，促进养殖加工一体化发展。建立由县级及以上地方人民政府引导，乳品企业、奶农和行业协会参与的生鲜乳价格协商机制，乳品企业与奶农双方应签订长期稳定的购销合同，形成稳固的购销关系。开展生鲜乳质量第三方检测试点，建立公平合理的生鲜乳购销秩序。规范生鲜乳购销行为，依法查处和公布不履行生鲜乳购销合同以及凭借购销关系强推强卖兽药、饲料和养殖设备等行为。

四、强化乳品质量安全监管

（十二）健全法规标准体系。研究完善乳品质量安全法规，健全生鲜乳生产、收购、运输和乳制品加工、销售等管理制度。修订提高生鲜乳、灭菌乳、巴氏杀菌乳等乳品国家标准，严格安全卫生要求，建立生鲜乳质量分级体系，引导优质优价。制定液态乳加工工艺标准，规范加工行为。制定发布复原乳检测方法等食品安全国家标准。监督指导企业按标依规生产。

（十三）加强乳品生产全程管控。落实乳品企业质量安全第一责任，建立健全养殖、加工、流通等全过程乳品质量安全追溯体系。加强源头管理，严格奶牛养殖环节饲料、兽药等投入品使用和监管。引导奶牛养殖散户将生鲜乳交售到合法的生鲜乳收购站。任何单位和个人不得擅自加工生鲜乳对外销售。实施乳品质量安全监测计划，严厉打击非法收购生鲜乳行为以及各类违法添加行为。对生鲜乳收购站、运输车、乳品企业实行精准化、全时段管理，依法取缔不合格生产经营主体。健全乳品质量安全风险评估制度，及时发现并消除风险隐患。

（十四）加强乳品生产全程管控。落实乳品企业质量安全第一责任，建立健全养殖、加工、流通等全过程乳品质量安全追溯体系。加强源头管理，严格奶牛养殖环节饲料、兽药等投入品使用和监管。引导奶牛养殖散户将生鲜乳交售到合法的生鲜乳收购站。任何单位和个人不得擅自加工生鲜乳对外销售。实施乳品质量安全监测计划，严厉打击非法收购生鲜乳行为以及各类违法添加行为。对生鲜乳收购站、运输车、乳品企业实行精准化、全时段管理，依法取缔不合格生产经营主体。健全乳品质量安全风险评估制度，及时发现并消除风险隐患。

（十五）加大婴幼儿配方乳粉监管力度。严格执行婴幼儿配方乳粉相关法律法规和标准，强化婴幼儿配方乳粉产品配方注册管理。婴幼儿配方乳粉生产企业应当实施良好生产规范、危害分析和关键控制点体系等食品安全质量管理制度，建立食品安全自查制度和问题报告制度。按照“双随机、一公开”要求，持续开展食品安全生产规范体系检查，对检查发现的问题要从严处理。严厉打击非法添加非食用物质、超范围超限量使用食品添加剂、涂改标签标识以及在标签中标注虚假、夸大的内容等违法行为。严禁进口大包装婴幼儿配方乳粉到境内分装。大力提倡和鼓励使用生鲜乳生产婴幼儿配方乳粉，支持乳品企业建设自有自控的婴幼儿配方乳粉奶源基地，进一步提高婴幼儿配方乳粉品质。

（十六）推进行业诚信体系建设。构建奶业诚信平台，支持乳品企业开展质量安全承诺活动和诚信文化建设，建立企业诚信档案。充分运用全国信用信息共享平台和国家企业信用信息公示系统，推动税务、工信和市场监管等部门实现乳品企业信用信息共享。建立乳品企业“黑名单”制度和市场退出机制，加强社会舆论监督，形成市场性、行业性、社会性约束和惩戒。

五、加大乳制品消费引导

（十七）树立奶业良好形象。积极宣传奶牛养殖、乳制品加工和质量安全监管等方面的成效，定期发布乳品质量安全抽检监测信息，展示国产乳制品良好品质，提升广大群众对我国奶业的认可度。推介休闲观光牧场，组织开展乳品企业公众开放日活动，让消费者切身感受牛奶安全生产的全过程，激发消费活力。

（十八）着力加强品牌建设。实施奶业品牌战略，激发企业积极性和创造性，培育优质品牌，引领奶业发展。通过行业协会等第三方组织，推介产品优质、美誉度高的品牌，扩大消费市场。发挥骨干乳品企业引领作用，促进企业大联合、大协作，提升中国奶业品牌影响力。

（十九）积极引导乳制品消费。大力推广国家学生饮用奶计划，增加产品种类，保障质量安全，扩大覆盖范围。开展公益宣传，加大公益广告投放力度，强化乳制品消费正面引导。普及灭菌乳、巴氏杀菌乳、奶酪等乳制品营养知识，倡导科学饮奶，培育国民食用乳制品的习惯。加强舆情监测，及时回应社会关切，营造良好舆论氛围。

六、完善保障措施

（二十）加大政策扶持力度。在养殖环节，重点支持良种繁育体系建设、标准化规模养殖、振兴奶业苜蓿发展行动、种养结合、奶牛场疫病净化、养殖废弃物资源化利用和生鲜乳收购运输监管体系建设；在加工环节，重点支持婴幼儿配方乳粉企业兼并重组、乳品质量安全追溯体系建设。地方人民政府要统筹规划，合理安排奶畜养殖用地。鼓励社会资本按照市场化原则设立奶业产业基金，放大资金支持效应。强化金融保险支持，鼓励金融机构开展奶畜活体抵押贷款和养殖场抵押贷款等信贷产品创新，推进奶业保险扩面、提标，合理厘定保险费率，探索开展生鲜乳目标价格保险试点。

（二十一）加强奶业市场调控。完善奶业生产市场信息体系，开展产销动态监测，及时发布预警信息，引导生产和消费。充分发挥行业协会作用，引导各类经营主体自觉维护和规范市场竞争秩序。顺应奶业国际化趋势，实行“引进来”和“走出去”相结合，促进资本、资源和技术等优势互补，增强自我发展能力。

（二十二）强化科技支撑和服务。开展奶业竞争力提升科技行动，推动奶业科技创新，在奶畜养殖、乳制品加工和质量检测等方面，提高先进工艺、先进技术和智能装备应用水平。加强乳制品新产品研发，满足消费多元化需求。完善奶业社会化服务体系，加大技术推广和人才培训力度，提升从业者素质，提高生产经营管理水平。

（二十三）强化科技支撑和服务。开展奶业竞争力提升科技行动，推动奶业科技创新，在奶畜养殖、乳制品加工和质量检测等方面，提高先进工艺、先进技术和智能装备应用水平。加强乳制品新产品研发，满足消费多元化需求。完善奶业社会化服务体系，加大技术推广和人才培训力度，提升从业者素质，提高生产经营管理水平。

（二十四）切实加强组织领导。各地区、各有关部门要根据本意见精神，按照职责分工，加大工作力度，强化协同配合，制定和完善具体政策措施，抓好贯彻落实。农业农村部要会同有关部门对本意见落实情况进行督查，并向国务院报告。

国务院办公厅

2018 年 6 月 3 日

附录3 国务院办公厅关于加快推进畜禽养殖废弃物资源化利用的意见

国办发〔2017〕48号

各省、自治区、直辖市人民政府，国务院各部委、各直属机构：

近年来，我国畜牧业持续稳定发展，规模化养殖水平显著提高，保障了肉蛋奶供给，但大量养殖废弃物没有得到有效处理和利用，成为农村环境治理的一大难题。抓好畜禽养殖废弃物资源化利用，关系畜产品有效供给，关系农村居民生产生活环境改善，是重大的民生工程。为加快推进畜禽养殖废弃物资源化利用，促进农业可持续发展，经国务院同意，现提出以下意见。

一、总体要求

（一）指导思想。全面贯彻党的十八大和十八届三中、四中、五中、六中全会精神，深入贯彻习近平总书记系列重要讲话精神和治国理政新理念新思想新战略，认真落实党中央、国务院决策部署，统筹推进“五位一体”总体布局和协调推进“四个全面”战略布局，牢固树立和贯彻落实创新、协调、绿色、开放、共享的发展理念，坚持保供给与保环境并重，坚持政府支持、企业主体、市场化运作的方针，坚持源头减量、过程控制、末端利用的治理路径，以畜牧大县和规模养殖场为重点，以沼气和生物天然气为主要处理方向，以农用有机肥和农村能源为主要利用方向，健全制度体系，强化责任落实，完善扶持政策，严格执法监管，加强科技支撑，强化装备保障，全面推进畜禽养殖废弃物资源化利用，加快构建种养结合、农牧循环的可持续发展新格局，为全面建成小康社会提供有力支撑。

（二）基本原则。

统筹兼顾，有序推进。统筹资源环境承载能力、畜产品供给保障能力和养殖废弃物资源化利用能力，协同推进生产发展和环境保护，奖惩并举，疏堵结合，加快畜牧业转型升级和绿色发展，保障畜产品供给稳定。

因地制宜，多元利用。根据不同区域、不同畜种、不同规模，以肥料化利用为基础，采取经济高效适用的处理模式，宜肥则肥，宜气则气，宜电则电，实现粪污就地就近利用。

属地管理，落实责任。畜禽养殖废弃物资源化利用由地方人民政府负总责。各有关部门在本级人民政府的统一领导下，健全工作机制，督促指导畜禽养殖场切实履行主体责任。

政府引导，市场运作。建立企业投入为主、政府适当支持、社会资本积极参与的运营机制。完善以绿色生态为导向的农业补贴制度，充分发挥市场配置资源的决定性作用，引导和鼓励社会资本投入，培育发展畜禽养殖废弃物资源化利用产业。

（三）主要目标。到2020年，建立科学规范、权责清晰、约束有力的畜禽养殖废弃物资源化利用制度，构建种养循环发展机制，全国畜禽粪污综合利用率达到75%以上，规模养殖场粪污处理设施装备配套率达到95%以上，大型规模养殖场粪污处理设施装备配套率提前一年达到100%。畜牧大县、国家现代农业示范区、农业可持续发展试验示范区和现代农业产业园率先实现上述目标。

二、建立健全畜禽养殖废弃物资源化利用制度

（四）严格落实畜禽规模养殖环评制度，规范环评内容和要求。对畜禽规模养殖相关规划依法依规开展环境影响评价，调整优化畜牧业生产布局，协调畜禽规模养殖和环境保护的关系。新建或改扩建畜禽规模养殖场，应突出养分综合利用，配套与养殖规模和处理工艺相适应的粪污消纳用地，配备必要的粪污收集、储存、处理、利用设施，依法进行环境影响评价。加强畜禽规模养殖场建设项目环评分类管理和相关技术标准研究，合理确定编制环境影响报告书和登记表的畜禽规模养殖场规模标准。对未依法进行环境影响评价的畜禽规模养殖场，环保部门予以处罚（环境保护部、农业部牵头）。

（五）完善畜禽养殖污染监管制度。建立畜禽规模养殖场直联直报信息系统，构建统一管理、分级使用、共享直联的管理平台。健全畜禽粪污还田利用和检测标准体系，完善畜禽规模养殖场污染物减排核算制度，制订畜禽养殖粪污土地承载能力测算方法，畜禽养殖规模超过土地承载能力的县要合理调减养殖总量。完善肥料登记管理制度，强化商品有机肥原料和质量的监管与认证。实施畜禽规模养殖场分类管理，对设有固定排污口的畜禽规模养殖场，依法核发排污许可证，依法严格监管；改革完善畜禽粪污排放统计核算方法，对畜禽粪污全部还田利用的畜禽规模养殖场，将无害化还田利用量作为统计污染物削减量的重要依据（农业部、环境保护部牵头，国家质量监督检验检疫总局参与）。

（六）建立属地管理责任制度。地方各级人民政府对本行政区域内的畜禽养殖废弃物资源化利用工作负总责，要结合本地实际，依法明确部门

职责，细化任务分工，健全工作机制，加大资金投入，完善政策措施，强化日常监管，确保各项任务落实到位。统筹畜产品供给和畜禽粪污治理，落实“菜篮子”市长负责制。各省（自治区、直辖市）人民政府应于2017年底前制订并公布畜禽养殖废弃物资源化利用工作方案，细化分年度的重点任务和工作清单，并抄送农业部备案（农业部牵头，环境保护部参与）。

（七）落实规模养殖场主体责任制度。畜禽规模养殖场要严格执行环境保护法、畜禽规模养殖污染防治条例、水污染防治行动计划、土壤污染防治行动计划等法律法规和规定，切实履行环境保护主体责任，建设污染防治配套设施并保持正常运行，或者委托第三方进行粪污处理，确保粪污资源化利用。畜禽养殖标准化示范场要带头落实，切实发挥示范带动作用（农业部、环境保护部牵头）。

（八）健全绩效评价考核制度。以规模养殖场粪污处理、有机肥还田利用、沼气和生物天然气使用等指标为重点，建立畜禽养殖废弃物资源化利用绩效评价考核制度，纳入地方政府绩效评价考核体系。农业部、环境保护部要联合制定具体考核办法，对各省（自治区、直辖市）人民政府开展考核。各省（自治区、直辖市）人民政府要对本行政区域内畜禽养殖废弃物资源化利用工作开展考核，定期通报工作进展，层层传导压力。强化考核结果应用，建立激励和责任追究机制（农业部、环境保护部牵头，中央组织部参与）。

（九）构建种养循环发展机制。畜牧大县要科学编制种养循环发展规划，实行以地定畜，促进种养业在布局上相协调，精准规划引导畜牧业发展。推动建立畜禽粪污等农业有机废弃物收集、转化、利用网络体系，鼓励在养殖密集区域建立粪污集中处理中心，探索规模化、专业化、社会化运营机制。通过支持在田间地头配套建设管网和储粪（液）池等方式，解决粪肥还田“最后一公里”问题。鼓励沼液和经无害化处理的畜禽养殖废水作为肥料科学还田利用。加强粪肥还田技术指导，确保科学合理施用。支持采取政府和社会资本合作（PPP）模式，调动社会资本积极性，形成畜禽粪污处理全产业链。培育壮大多种类型的粪污处理社会化服务组织，实行专业化生产、市场化运营。鼓励建立受益者付费机制，保障第三方处理企业和社会化服务组织合理收益（农业部牵头，国家发展改革委、财政部、环境保护部参与）。

三、保障措施

（十）加强财税政策支持。启动中央财政畜禽粪污资源化利用试点，实施种养业循环一体化工程，整县推进畜禽粪污资源化利用。以果菜茶大县和畜牧大县等为重点，实施有机肥替代化肥行动。鼓励地方政府利用中央财政农机购置补贴资金，对畜禽养殖废弃物资源化利用装备实行敞开补贴。开展规模化生物天然气工程和大中型沼气工程建设。落实沼气发电上网标杆电价和上网电量全额保障性收购政策，降低单机发电功率门槛。生物天然气符合城市燃气管网入网技术标准的，经营燃气管网的企业应当接收其入网。落实沼气和生物天然气增值税即征即退政策，支持生物天然气和沼气工程开展碳交易项目。地方财政要加大畜禽养殖废弃物资源化利用投入，支持规模养殖场、第三方处理企业、社会化服务组织建设粪污处理设施，积极推广使用有机肥。鼓励地方政府和社会资本设立投资基金，创新粪污资源化利用设施建设和运营模式（财政部、国家发展改革委、农业部、环境保护部、住房城乡建设部、税务总局、国家能源局、国家电网公司等负责）。

（十一）统筹解决用地用电问题。落实畜禽规模养殖用地，并与土地利用总体规划相衔接。完善规模养殖设施用地政策，提高设施用地利用效率，提高规模养殖场粪污资源化利用和有机肥生产积造设施用地占比及规模上限。将以畜禽养殖废弃物为主要原料的规模化生物天然气工程、大型沼气工程、有机肥厂、集中处理中心建设用地纳入土地利用总体规划，在年度用地计划中优先安排。落实规模养殖场内养殖相关活动农业用电政策（国土资源部、国家发展改革委、国家能源局牵头，农业部参与）。

（十二）加快畜牧业转型升级。优化调整生猪养殖布局，向粮食主产区和环境容量大的地区转移。大力发展标准化规模养殖，建设自动喂料、自动饮水、环境控制等现代化装备，推广节水、节料等清洁养殖工艺和干清粪、微生物发酵等实用技术，实现源头减量。加强规模养殖场精细化管理，推行标准化、规范化饲养，推广散装饲料和精准配方，提高饲料转化效率。加快畜禽品种遗传改良进程，提升母畜繁殖性能，提高综合生产能力。落实畜禽疫病综合防控措施，降低发病率和死亡率。以畜牧大县为重点，支持规模养殖场圈舍标准化改造和设备更新，配套建设粪污资源化利用设施。以生态养殖场为重点，继续开展畜禽养殖标准化示范创建（农业部牵头，国家发展改革委、财政部、国家质量监督检验检疫总局参与）。

（十三）加强科技及装备支撑。组织开展畜禽粪污资源化利用先进工艺、技术和装备研发，制修订相关标准，提高资源转化利用效率。开发安全、高效、环保新型饲料产品，引导矿物元素类饲料添加剂减量使用。加强畜禽粪污资源化利用技术集成，根据不同资源条件、不同畜种、不同规模，推广粪污全量收集还田利用、专业化能源利用、固体粪便肥料化利用、异位发酵床、粪便垫料回用、污水肥料化利用、污水达标排放等经济实用技术模式。集成推广应用有机肥、水肥一体化等关键技术。以畜牧大县为重点，加大技术培训力度，加强示范引领，提升养殖场粪污资源化利用水平（农业部、科技部牵头，国家质量监督检验检疫总局参与）。

（十四）强化组织领导。各地区、各有关部门要根据本意见精神，按照职责分工，加大工作力度，抓紧制定和完善具体政策措施。农业部要会同有关部门对本意见落实情况进行定期督查和跟踪评估，并向国务院报告（农业部牵头）。

国务院办公厅

2017 年 5 月 31 日

图书在版编目（CIP）数据

全国种养典型案例：彩图版 / 农业农村部乡村产业发展司组编 . —北京：中国农业出版社，2023.2
（乡村产业振兴案例精选系列）
ISBN 978-7-109-30450-5

Ⅰ.①全… Ⅱ.①农… Ⅲ.①农业技术—案例 Ⅳ.①S

中国国家版本馆 CIP 数据核字（2023）第 026397 号

中国农业出版社出版
地址：北京市朝阳区麦子店街 18 号楼
邮编：100125
责任编辑：冀 刚 杨桂华
版式设计：书雅文化 责任校对：吴丽婷
印刷：中农印务有限公司
版次：2023 年 2 月第 1 版
印次：2023 年 2 月北京第 1 次印刷
发行：新华书店北京发行所
开本：700mm×1000mm 1/16
印张：13.5
字数：242 千字
定价：68.00 元
